江苏科技大学研究生教材建设专项基金资助

SCIENTIFIC WRITING
and Academic Norms

科研写作与
学术规范

沈兴家　黄凌霞　等著

ZHEJIANG UNIVERSITY PRESS
浙江大学出版社
·杭州·

图书在版编目（CIP）数据

科研写作与学术规范 / 沈兴家等著. — 杭州：浙
江大学出版社，2024.4（2025.7重印）
ISBN 978-7-308-24678-1

Ⅰ．①科… Ⅱ．①沈… Ⅲ．①科学技术－论文－写作
Ⅳ．①G301

中国国家版本馆CIP数据核字(2024)第040286号

科研写作与学术规范

KEYAN XIEZUO YU XUESHU GUIFAN

沈兴家　黄凌霞　等著

责任编辑	朱　玲
责任校对	傅宏梁
责任印制	范洪法
封面设计	春天书装
出版发行	浙江大学出版社
	（杭州市天目山路148号　邮政编码310007）
	（网址：http://www.zjupress.com）
排　　版	杭州林智广告有限公司
印　　刷	浙江新华数码印务有限公司
开　　本	787mm×1092mm　1/16
印　　张	14.25
字　　数	240千
版 印 次	2024年4月第1版　2025年7月第2次印刷
书　　号	ISBN 978-7-308-24678-1
定　　价	59.00元

内容简介

　　本书详细介绍了科研中常见文书的写作要求和技巧，主要包括科技文献阅读与综述撰写、科技论文各部分的写作要求和技巧、国家自然科学基金项目等科研项目申请书的写作、发明专利申请书的写作、科研项目总结报告撰写和科研成果申报等，并探讨了科学研究中的学术规范与学术伦理，为高校自然科学领域广大研究生和青年科技工作者提供了一本实用型应用文书写作参考书。

　　全书共分六章。第一章科技文献阅读与综述撰写，主要介绍科技文献的收集途径和阅读方法，综述的谋篇、写作要点和步骤。第二章科技论文写作，重点介绍科技论文的选题、谋篇布局，引言、实验材料与方法、结果与分析、讨论部分的写作，英文科技论文写作注意事项，以及论文择刊投稿。第三章科研项目申请书写作，介绍科研项目的类型，通过实例详细介绍了国家自然科学基金项目申请书正文报告、四类科学问题属性、项目摘要等的写作要求和技巧。第四章发明专利申请书写作，介绍专利申报、PCT国际申请和审批程序，以及发明专利申请说明书和权利要求书的写作。第五章科研项目总结与科研成果申报，介绍科研项目总结报告的基本内容和写作的总体要求、科技成果的类别、科技成果奖励、科技成果的鉴定评价以及科技成果奖的申报。第六章学术规范与学术伦理，介绍学术道德、学术规范与学术伦理的概念，知识产权保护有关法律，学术失范与学术不端行为及其处罚，生物医学研究的热点伦理问题和生命科学研究的伦理要求等。

Foreword　　　　序

党的二十大报告指出："教育、科技、人才是全面建设社会主义现代化国家的基础性、战略性支撑。必须坚持科技是第一生产力、人才是第一资源、创新是第一动力，深入实施科教兴国战略、人才强国战略、创新驱动发展战略，开辟发展新领域新赛道，不断塑造发展新动能新优势。"在校研究生是未来科技创新的主力，加强研究生教育和培养是高校的重要工作任务之一。

科研写作是每一位科技工作者和高校教师必然会遇到的工作任务。在研究生教育阶段学习训练科研写作，了解有关文本体例、格式和内容，掌握科技文献阅读和综述写作技巧，学会科技论文写作以及科研项目、发明专利、科技成果奖励等申报书的撰写，不仅有利于研究生科研工作的开展和学业任务的完成，而且对于他们毕业后开展学术研究和个人职业发展都有十分重要的意义。

学术规范是学术共同体形成的全体成员在开展学术活动时应当遵守的基本准则。国务院以及科技部、教育部等主管部门三令五申强调遵守学术规范的重要性，各高等院校也都十分重视学术道德和学术规范建设，努力营造良好的科研学术生态。学术伦理是学术共同体成员应当遵守的基本学术道德规范和在从事学术活动中必须承担的社会责任与义务，以及对这些道德规范进行理论探讨后得出的理性认识。2022 年，我国在校研究生规模已达 565.36 万人，其中博士生 55.61 万人、硕士生 309.75 万人。因此，加强高校博士和硕士研究生的学术规范和学术道德教育显得十分必要。

作者根据 2020 年国务院学位委员会办公室发布的《学术学位研究生核心课程指南（试行）》和《专业学位研究生核心课程指南（试行）》中有关"科研写作、伦理与规范"等要求，在梳理总结前期大量科研工作的基础上，经过一年多的努力，完成了《科研写作与学术规范》教材的编写。该书重点介绍了科技文献的收集途径和阅读方法，综述的谋篇、写作要点和步骤，科技论文的选题和写作，以及英文科技论文写作的注意事项，国家自然科学基金项目申请书的写作要求和技巧，结合实例介绍了发明专利申请说明书和权利要求书的写作，科研项目总结报告的基本内容和写作的总体要求，科技成果的类别，科技成果奖励，科技成果的鉴定评价和科技成果奖的申报，学术道德、学术规范与学术伦理的概念，知识产权保护有关法律，学术失范与学术不端行为及其处罚，生物医学研究的热点伦理问题和生命科学研究的伦理要求等。

该书的编写凝聚了作者团队大量心血，充满了实践经验和写作体会，内容丰富，条理清晰，分析透彻，可读性强，适合作为生命科学相关领域研究生科研写作能力培养和学术伦理教育的教材，也可供新入职科技人员和青年教师科研写作时参考。

浙江大学教授

教育部原评估专家

浙江大学教务部原部长

2023 年 10 月 12 日

Contents 目　录

第一章

CHAPTER 1

科技文献阅读与综述撰写

【内容提要】本章介绍了科技文献的类型和结构、我国科技论文发表现状、科技论文检索系统、科技文献的收集途径和阅读方法，以及综述型论文的谋篇、写作要点和步骤；分析了综述型论文写作实例。

第一节　科技文献概述

一、文献的概念与分类

（一）文献的概念

文献，原指典籍和熟知文化掌故的贤人。《论语·八佾》朱熹集注有云："文，典籍也。献，贤也。"后来"文献"就专指具有历史价值的典籍资料。

文献是人类知识和智慧的结晶。《辞海》（第七版）对文献的定义是：原义指同历史、文化有关的典籍和人物。今指用文字、图像、符号、声频、视频等手段记录人类知识的各种载体。

文献是记录、积累、传播和继承知识的最有效手段，是人类在社会活动中获取知识的最基本、最主要的来源，也是交流和传播知识的最基本手段。

文献具备以下基本要素：

（1）包含具有一定的历史价值和研究价值的知识；

（2）应记录在一定的载体上，并可为后人和他人所获得；

（3）采用一定的记录方法；

（4）具有一定的意义表达和记录体系。

科技文献是指与科学和技术相关的文献资料，包括科技图书、科技期刊、学术会议论文集、学术报告、学位论文、专利、标准、报纸，以及各种电子、声像和网络类等科技出版物。

（二）文献的分类

1.按载体形式分类

文献按载体形式，可分为：①印刷型文献；②缩微型文献；③声像型文献；④电子型文献。

2.按内容级别分类

文献按内容级别，可分为：

①零次文献（zero literature），指未经正式发表或未形成正规载体的一种文献形式。例如书信、手稿、会议记录、实验记录、原始录音、原始录像、谈话记录和笔记等。零次文献未经过任何加工，具有客观性、零散性和不成熟性的特点，不能作为科技论文的引用文献。

②一次文献（primary document），指作者以本人的研究成果为基本素材而创作或撰写的文献。一般在期刊、报纸、学术会议或网络上发表的文章，属于一次文献。

③二次文献（secondary document），指文献工作者对一次文献进行加工、提炼和压缩之后所得到的文献，是为了便于管理和利用一次文献而编辑、出版和累积起来的工具性文献。检索工具书和网上检索引擎是典型的二次文献。

④三次文献（tertiary document），指对有关的一次文献和二次文献进行广泛深入的分析研究、综合概括而形成的文献。例如，大百科全书、辞典、电子百科等，属于三次文献。

3.按出版形式分类

文献按出版形式，可分为：①图书；②连续出版物，分为期刊和报纸；③特种文献，主要包括会议文献、专利文献、标准文献、学位论文等。

4.按学科领域分类

目前，我国图书分类法主要有 5 种：①中国图书馆图书分类法（简称中图法）；②中国图书资料分类法；③中国科学院图书馆图书分类法；④中国人民大学图书馆图书分类法；⑤国际图书集成分类法。其中最常用的是中图法。

中图法将文献分为 22 个基本大类，每个大类之下又分若干小类，小类下面再细分成学科（见表 1.1）。

表 1.1　中国图书馆图书分类法 22 个大类图书分类号和名称

序号	分类号	分类名称	序号	分类号	分类名称
1	A	马克思主义、列宁主义、毛泽东思想、邓小平理论	12	N	自然科学总论
2	B	哲学、宗教	13	O	数理科学和化学
3	C	社会科学总论	14	P	天文学、地球科学
4	D	政治、法律	15	Q	生物科学
5	E	军事	16	R	医药、卫生
6	F	经济	17	S	农业科学
7	G	文化、科学、教育、体育	18	T	工业技术
8	H	语言、文字	19	U	交通运输
9	I	文学	20	V	航空、航天
10	J	艺术	21	X	环境科学、安全科学
11	K	历史、地理	22	Z	综合性图书

例如 F 经济，分为：

F0 经济学

F1 世界各国经济概况、经济史、经济地理

F2 经济计划与管理

F3 农业经济

F4 工业经济

F49 信息产业经济（总论）

F5 交通运输经济

F59 旅游经济

F6 邮电经济

F7 贸易经济

F8 财政、金融

又如 Q 生物科学，分为：

Q-0 生物科学的理论与方法

Q-1 生物科学现状与发展

Q-3 生物科学的研究方法与技术

Q-4 生物科学教育与普及

Q-9 生物资源调查

Q1 普通生物学

Q2 细胞生物学

Q3 遗传学

Q4 生理学

Q5 生物化学

Q6 生物物理学

Q7 分子生物学

Q81 生物工程学（生物技术）

[Q89]环境生物学

Q91 古生物学

Q93 微生物学

Q94 植物学

Q95 动物学

Q96 昆虫学

Q98 人类学

二、科技论文的类型和结构

　　科技论文是对创造性的科研成果进行理论分析和总结的科技写作文体。它通过运用概念、判断、推理、证明或反驳等逻辑思维手段，来分析、表达自然科学理论和技术开发或社会科学研究成果。它是科学技术人员在科学实验或试验或调查研究的基础上，对自然科学、工程技术科学、人文艺术和社会科学研究领域的现象进行科学分析和综合研究后，获得的创新性结果和结论，并按照各科技期刊的要求进行电子或书面的表达。

　　科技论文是科技文献的重要组成部分，以科技期刊论文、学术会议论文、学位论文等形式发表。从内容看，科技论文是创新性科学技术研究工作成果的科学论述，是某些理论性、实验性或观测性新知识的科学记录，是某些已知原理应用于实际中取得新进展、新成果的科学总结。

（一）科技论文按发挥的作用分类

科技论文根据发挥的作用不同，可分为期刊论文、会议论文和学位论文。期刊论文又可分为学术性论文、技术性论文；学位论文，包括博士学位论文、硕士学位论文和学士学位论文。

1.期刊论文

期刊论文是指在期刊上发表的论文，包括自然科学类期刊和社会科学类期刊。

（1）学术性论文

学术性论文是指研究人员提供给学术性期刊发表或在学术会议上发表的论文，它以报道学术研究成果为主要内容。这类论文是纯学术的，反映了各学科领域内最新的前沿科学研究水平，对科学事业的发展和交流起着积极的作用。

（2）技术性论文

技术性论文是指工程技术或技术研发人员为报道工程技术研究成果而写作的论文。这类论文应具有技术的先进性、实用性和科学性。它是应用已有的理论来解决设计、技术、工艺、设备、材料等具体技术问题而取得的新成果。技术性论文对技术进步和提高生产力起着直接的推动作用。

2.会议论文

会议论文是指在学术会议上以口头（oral）或墙报（poster）的形式发表的论文。学术会议有国际学术会议、国内全国性学术会议、行业或专业性学术会议等。一般能从会议论文集中获得相关会议论文，重要的国际会议论文可通过科技会议录索引（Index to Scientific & Technical Proceedings，ISTP）获得。

会议论文同样可以分为学术性论文和技术性论文。一篇会议论文或者其摘要在会议上发表后，一般不影响其以后在期刊上发表。

3.学位论文

学位论文是指学位申请者提交的论文。学位论文要经过审核和答辩，因此无论是论述、介绍实验材料、仪器设备和实验方法（或者社会科学类研究的调查、问卷、数据分析方法等），还是阐述实验结果，都要十分详尽。

学术性论文是写给专业人员看的论文，力求简洁，除此之外，学术性论文与学位论文没有大的区别。

（1）硕士学位论文

硕士学位论文是指硕士研究生申请硕士学位需要提交的论文。硕士学位论文是在导师的指导下完成的，必须具有一定程度的创新性，强调作者的独立思考能力。通过评审和答辩的硕士学位论文，应该说基本上达到了期刊发表的水平。不同高校对硕士学位论文的要求可能存在差异，但是硕士学位论文应该达到下列基本要求：

①硕士学位论文对所研究的选题应有新的见解；

②由作者在导师的指导下独立完成，其基本论点、结论应正确；

③在学术上对经济建设和社会发展有一定的指导意义或实用价值；

④能够体现作者掌握了本学科较坚实的基础理论和系统的专门知识，具有从事科研工作或独立担负专门技术工作的能力。

（2）博士学位论文

博士学位论文是指博士研究生申请博士学位需要提交的论文。博士学位论文应反映作者具有坚实、广博的基础理论知识和系统深入的专业知识，表明作者具有独立从事科学技术研究的能力，应反映该科学技术领域最前沿的独创性成果。因此，博士学位论文被视为重要的科技文献，对所研究的课题应当有创新性见解，在理论或实践中对社会经济建设或本学科发展具有较大的意义。博士学位论文应该达到下列基本要求：

①博士学位论文对所研究的课题应当具有创新性见解；

②在理论上或实践中对社会经济建设或本学科发展具有较大的意义；

③能够体现作者已经掌握了本学科坚实宽广的基础理论和系统深入的专门知识，具有独立从事科研工作的能力，在科学或专门技术研究上做出创新性的成果。

（二）科技论文按研究方式和论述内容分类

1.实验研究型论文

实验研究型论文，是指以科学实验或试验数据资料为基础而写作的论文，有自己的固定格式，不同于实验报告。其写作重点在于"研究"，追求可靠的理论依据、先进的实验设计方案、先进适用的测试手段、准确合理的数据处理和科学严密的分析论证。

2.理论推导型论文

理论推导型论文，是指通过数学推导和逻辑推理得到新的理论，包括定理、定律和法则。其写作要求数学推导科学准确，逻辑推理严谨严密，定义和概念使用准确，结论要力求无懈可击。

3.理论分析型论文

理论分析型论文主要是对新的设想、原理、模型、结构、材料、工艺、样品等进行理论分析，或对过去的理论分析加以完善、补充和修正。其写作要求论证分析严谨、数学运算正确、资料数据可靠，结论准确并经过实验（试验）验证。

4.设计型论文

设计型论文的研究对象是新工程、新产品的设计，主要研究方法是对新的设计文件给出最佳方案或对设计作品进行全面论证，从而得出某种结论或引出某些规律。这类论文总的要求是相对要"新"，数学模型的建立和参数的选择要合理，编制的程序要能正常运行，计算结果要准确合理；设计的作品或调制/配制的物质要经过实验证实。

5.综述型论文

综述型论文，简称综述，是作者在博览群书的基础上，综合介绍、分析、评述某一时期内该学科或专业领域里国内外的研究新成果、发展新趋势，并表明作者自己的观点，提出本研究领域发展的科学预测或中肯的建设性意见。综述型论文属于三次文献。

（三）科技论文按发表期刊的学术影响力分类

期刊按学术影响力分类，从高到低可分为科学引文索引扩展（Science Citation Index Expanded，SCIE）或工程索引（The Engineering Index，EI）收录期刊、中文核心期刊、统计源期刊和一般期刊。

期刊的影响力以影响因子（impact factor, IF）表示，影响因子是指该刊前两年发表的文献在当年的平均被引用次数。

社会科学类期刊，也可以分为社会科学引文索引（Social Science Citation Index，SSCI）收录期刊、中文社会科学引文索引（Chinese Social Sciences Citation Index，CSSCI）期刊、统计源期刊和一般期刊。用来检索中文社会科学领域的论文收录和文献被引用情况。CSSCI是由南京大学中国社会科学研究评价中心开发的引文数据库，每两年遴选一次。

1. SCIE 和 EI 期刊论文

Thomson Reuters 公司每年发布 Journal Citation Reports（期刊引用报告，JCR），根据 JCR 影响因子的高低，SCI 期刊可分为 Q1、Q2、Q3 和 Q4。学科前 5% 的期刊为 Q1，前 6% ～ 20% 的期刊为 Q2，Q1 和 Q2 期刊中被引频次指标为前 10% 的期刊被称为 Top 期刊。

中国科学院文献情报中心从 2004 年开始，每年发布期刊分区表，将 SCIE 期刊分为 1 区 /Q1、2 区 /Q2、3 区 /Q3 和 4 区 /Q4。2019 年推出升级版，实现基础版、升级版并存过渡，从 2022 年起只发布升级版。期刊的影响因子和分区每年会发生一些变化，作者在投稿时要注意了解相关信息。

2. 核心期刊论文

我国核心期刊有 7 个主要遴选体系：
（1）北京大学图书馆"中文核心期刊"；
（2）南京大学"中文社会科学引文索引（CSSCI）来源期刊"；
（3）中国科学技术信息研究所"中国科技核心期刊"；
（4）中国社会科学院文献信息中心"中国人文社会科学核心期刊"；
（5）中国科学院文献情报中心"中国科学引文数据库（CSCD）来源期刊"；
（6）中国人文社会科学学报学会"中国人文社科学报核心期刊"；
（7）万方数据股份有限公司"中国核心期刊（遴选）数据库"。

其中，自然科学研究中较广泛使用的有两种体系，一种是"中文核心期刊"（北大版），由北京大学图书馆联合国内众多大学的图书馆和学术专家，根据期刊的引文率、转载率、文摘率等指标确定的中文期刊，每4年遴选一次，以《中文核心期刊要目》形式发布；另一种是"中国科技核心期刊"，也称"中国科技论文统计源期刊"，由中国科学技术信息研究所经过严格的同行评议和定量评价，以年度研究报告和新闻发布会的形式定期向社会公布统计分析结果，每年遴选和调整一次。

（四）科技论文的结构

1. GB/T 7713.2—2022 的规定

《学术论文编写规则》（GB/T 7713.2—2022）规定，学术论文由前置部分（见图 1.1）、正文部分（见图 1.2）和附录部分组成。

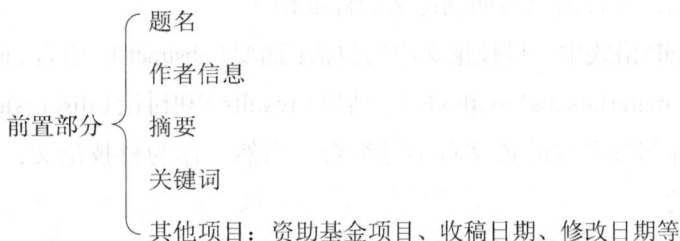

前置部分
- 题名
- 作者信息
- 摘要
- 关键词
- 其他项目：资助基金项目、收稿日期、修改日期等

图 1.1 学术论文的前置部分结构示意

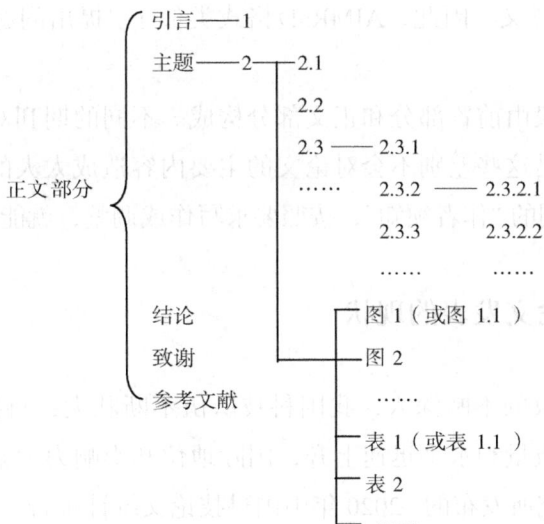

正文部分
- 引言——1
- 主题——2 — 2.1
  - 2.2
  - 2.3 — 2.3.1
  - …… 2.3.2 — 2.3.2.1
  - 2.3.3 2.3.2.2
  - …… ……
- 结论
- 致谢
- 参考文献

图 1 (或图 1.1)
图 2
……
表 1 (或表 1.1)
表 2
……

图 1.2 学术论文的正文部分结构示意

附录部分：以附录的形式对正文内容进行补充说明。论文一般不设附录，但是对于那些编入正文部分会影响编排的条理性和逻辑性，有碍论文结构的紧凑性，对突出主题有较大价值的材料，以及某些重要的原始数据、数学推导、计算程序、设备、技术等的详细描述，可作为附录编排于论文的末尾。

后文我们还将介绍科学技术报告的编写，包括项目立项申请报告、科研项目结题报告、科技成果鉴定申请、科技奖励申报书等，除了按照国家标准GB/T 7713.2—2022 的要求外，还应根据上级管理部门规定的格式进行写作。

2.期刊论文的AIMRaD格式

不同的历史时期，不同类型的科技论文有不同的结构形式。科技论文的结构经过长期的发展，到 19 世纪后期逐步形成了一种固定的结构形式，即AIMRaD 格式，并日渐成为期刊论文的标准格式。

在AIMRaD格式中，科技论文应当包括：摘要（abstract）、引言（introduction）、材料与方法（materials and methods）、结果（results）和讨论（discussion）等部分，AIMRaD 为各部分名称的英文首字母组合。当然，作为科技论文，题目、作者等是不能少的。

"引言"说明论文研究的是什么问题，"材料与方法"说明作者是如何研究这个问题的，"结果"则是告诉读者论文的研究结果如何，"讨论"则要评价这些研究结果有什么意义。因此，AIMRaD 格式类似于"提出问题—分析问题—解决问题"的模式。

科技论文一般由前置部分和正文部分构成。不同的期刊对各部分的编排可能存在差别，但是这些差别不会对论文的主要内容造成太大的影响，在投稿前仔细阅读目标期刊的"作者须知"，按照要求写作或调整，就能符合其格式要求。

三、我国科技论文发表的现状

随着改革开放的不断深入，我国科技队伍不断壮大，科技水平不断提高，发表的科技论文数量和水平迅速上升，国际地位和影响力大幅提升。根据中国科学技术信息研究所发布的《2020 年中国科技论文统计报告》，中国国际科技产出整体状况持续向好。

（一）国际检索系统收录中国科技论文数量持续上升

1."科学引文索引"收录

2019 年"科学引文索引"（Science Citation Index，SCI）数据库收录期刊论文总数为 230.51 万篇，比 2018 年增加 11.4%。2019 年收录中国科技论文 49.59 万篇，比 2018 年提升 1.3 个百分点（见图 1.3）。2019 年，中国科技人员作为第一作者共计发表 45.02 万篇 SCI 论文，仅次于美国，比 2018 年增加 19.6%，占世界总数的 19.5%。

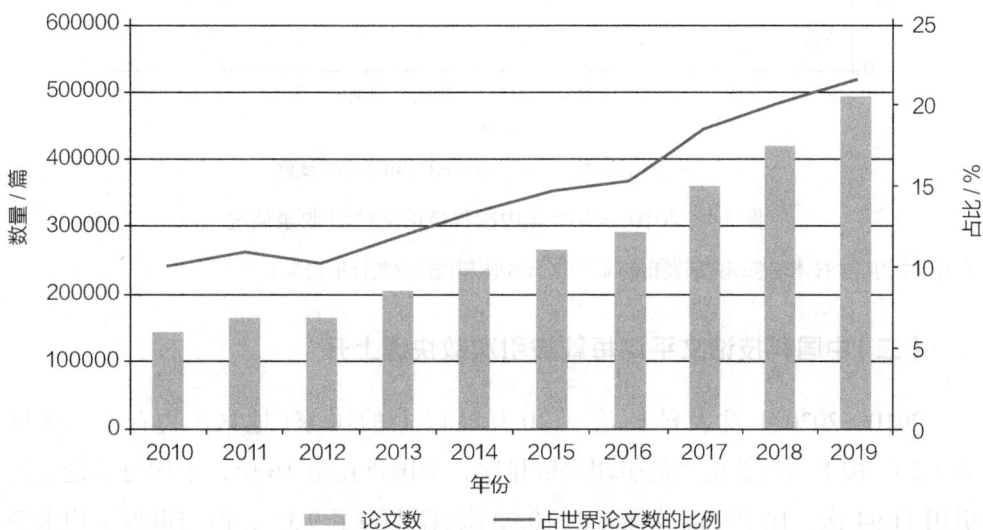

图 1.3　2010—2019 年中国科技论文被 SCI 收录情况

（引自中国科学技术信息研究所发布的《2020年中国科技论文统计报告》）

2."工程索引"收录

2019 年"工程索引"（EI）数据库收录期刊论文总数为 79.99 万篇，比 2018 年增长 6.8%，其中中国论文 29.96 万篇，占世界总数的 37.5%，比 2018 年增长 11.9%，所占份额提高 1.7 个百分点，排在世界第一位（见图 1.4）。2019 年，中国科技人员作为第一作者共计发表 27.15 万篇 EI 论文，比 2018 年增长了 7.6%，占世界总数的 33.9%，较上一年度增长了 0.6 个百分点。

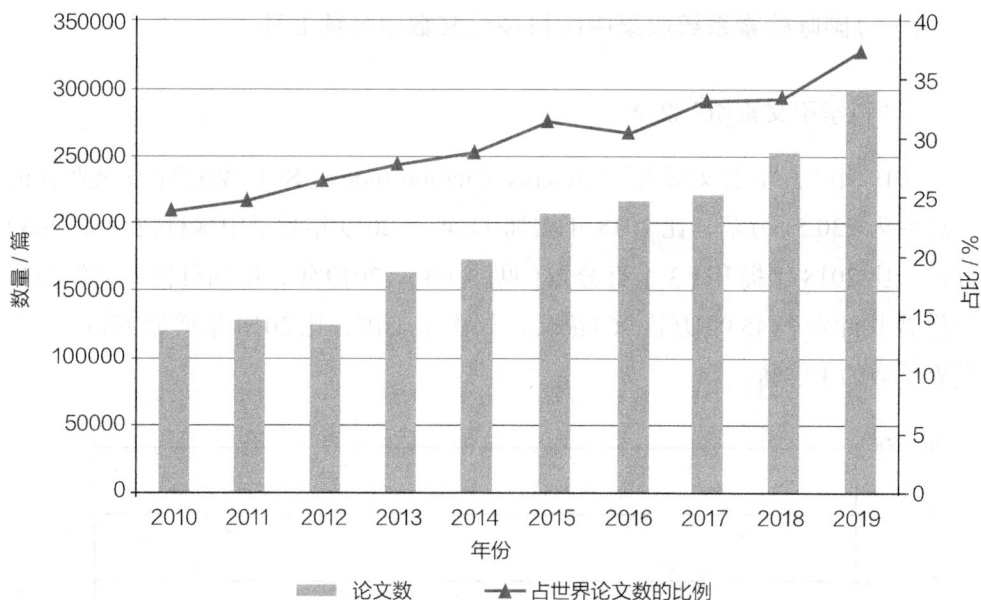

图 1.4　2010—2019 年中国科技论文被 EI 收录情况

（引自中国科学技术信息研究所发布的《2020年中国科技论文统计报告》）

（二）中国科技论文平均每篇被引次数快速上升

2010—2020 年发表科技论文 20 万篇以上的国家（地区）共有 22 个（见表 1.2）。按平均每篇论文被引用次数排序，中国排在第 16 位，平均每篇论文被引用 11.94 次，比上年度统计时的 10.92 次/篇提高了 9.3%，但与世界平均水平（13.26 次）相比还有一定的差距。

表 1.2　2010—2020 年发表科技论文 20 万篇以上的国家（地区）论文数及被引次数

国家（地区）	论文数		被引次数		篇均被引次数	
	篇数 / 篇	位次排名	总次数 / 次	位次排名	次数 / 次	位次排名
美国	4205934	1	80453805	1	19.13	6
中国	3019068	2	36057149	2	11.94	16
英国	1068746	4	21240695	3	19.87	4
德国	1131812	3	20708536	4	18.30	8
法国	773555	6	13818958	5	17.86	9
加拿大	712343	7	13040162	6	18.31	7
意大利	704255	8	11845007	7	16.82	11
澳大利亚	637463	10	11334092	8	17.78	10

国家（地区）	论文数		被引次数		篇均被引次数	
	篇数/篇	位次排名	总次数/次	位次排名	次数/次	位次排名
日本	847352	5	11307529	9	13.34	13
西班牙	610413	11	9933003	10	16.27	12
荷兰	420842	14	9350962	11	22.22	2
瑞士	314919	17	7330311	12	23.28	1
韩国	587993	12	7293015	13	12.40	14
印度	656758	9	6797314	14	10.35	18
瑞典	284063	19	5579579	15	19.64	5
比利时	231108	22	4667754	16	20.20	3
巴西	466067	13	4611085	17	9.89	19
中国台湾	281521	20	3476899	18	12.35	15
伊朗	328477	16	3134120	19	9.54	20
波兰	280990	21	2930617	20	10.43	17
俄罗斯	357473	15	2761637	21	7.73	22
土耳其	298834	18	2461328	22	8.24	21

（引自中国科学技术信息研究所发布的《2020年中国科技论文统计报告》）

（三）研究生成为我国科技论文的主力军

改革开放以来，我国的高等教育规模不断扩大，本科生、硕士生和博士生的招生数量快速增长。国家对科技研发的资金投入大幅度增加，科研项目数量和资助力度持续上升，科技水平不断提高。

我国硕士研究生招生数量从2010年的47.44万人增长到2020年的99.05万人；博士研究生招生数量从2010年的6.38万人增长到2020年的11.60万人（见表1.3）。因此，研究生已经成为发表科技论文的主力军。

表 1.3　2010—2020 年全国研究生招生数量变化

年份	硕士		博士		合计	
	招生人数/万人	比上年增长/%	招生人数/万人	比上年增长/%	招生人数/万人	比上年增长/%
2020	99.05	22.09	11.60	10.27	110.66	20.74
2019	81.13	6.40	10.52	10.16	91.65	6.82
2018	76.25	5.58	9.55	13.83	85.80	6.44
2017	72.22	22.45	8.39	8.54	80.61	20.84
2016	58.98	3.36	7.73	3.90	66.71	3.41

续表

年份	硕士		博士		合计	
	招生人数/万人	比上年增长/%	招生人数/万人	比上年增长/%	招生人数/万人	比上年增长/%
2015	57.06	3.99	7.44	2.48	64.51	3.83
2014	54.87	1.44	7.26	3.40	62.13	1.63
2013	54.09	3.76	7.05	3.07	61.14	3.68
2012	52.13	5.40	6.84	4.27	58.97	5.27
2011	49.46	4.26	6.56	2.82	56.02	4.09
2010	47.44	5.66	6.38	3.07	53.82	5.33

注：表中数据根据教育部历年《全国教育事业发展统计公报》整理，2009年硕士研究生、博士研究生招生人数分别为44.90万人、6.19万人。

四、科技文献检索系统简介

（一）科技文献检索系统

科学引文索引（SCI）、工程索引（EI）、科技会议录索引（ISTP）是世界著名的三大科技文献检索系统，是国际公认的进行科学统计与科学评价的主要检索工具，其中以SCI最为重要。

SCI是由美国科学信息研究所（ISI）于1961年创办出版的引文数据库，收录3600多种期刊的文献。SCIE是SCI的网络拓展版，1997年推出，收录6000多种期刊的文献。我国从2000年起SCI论文统计检索系统改为用SCIE。

EI创办于1884年，是美国工程信息公司出版的著名工程技术类综合性检索工具。EI检索每月出版1期，文摘1.3万～1.4万条；每年出版年卷本和年度索引，收录文献几乎涉及工程技术各个领域。

ISTP创办于1978年，由美国科学情报研究所编辑出版。该索引收录生命科学、物理与化学科学、农业、生物和环境科学、工程技术和应用科学等学科的会议文献。

社会科学引文索引（SSCI），收录1800多种世界重要社科期刊的文献。

（二）基本科学指标（ESI）

基本科学指标（Essential Science Indicators，ESI）是由美国ISI于2001年推出的衡量科学研究绩效、跟踪科学发展趋势的基本分析评价工具；收录全球

11000 多种学术期刊的 1000 多万条文献记录而建立的计量分析数据库。ESI将全部领域划分为 22 个学科（见表 1.4）。

表 1.4　ESI学科分类

序号	学科	序号	学科
1	农业科学	12	数学
2	生物学与生物化学	13	微生物学
3	化学	14	分子生物学与遗传学
4	临床医学	15	综合交叉学科
5	计算机科学	16	神经科学与行为科学
6	经济学与商学	17	药理学与毒理学
7	工程学	18	物理学
8	环境科学与生态学	19	植物学与动物学
9	地球科学	20	精神病学与心理学
10	免疫学	21	社会科学总论
11	材料科学	22	空间科学

通过ESI数据库可以实现：

（1）分析科研机构、国家（地区）和期刊的论文的产出与影响力；

（2）按研究领域对国家（地区）、期刊、论文和科研机构进行排名；

（3）分析自然科学和社会科学领域中的重大发展趋势；

（4）确定某个研究领域的研究成果及其影响力；

（5）评估潜在的合作机构或进行同行机构对比等。

ESI对全球所有高校和科研机构的SCIE、SSCI库中超过 10 年的论文数据进行统计，按被引频次的高低确定衡量研究绩效的阈值，分别排出居世界前 1%的研究机构、科学家、研究论文，居世界前 50%的国家或地区和居世界前 0.1%的热点论文。

针对 22 个学科领域，通过论文数、论文被引频次、论文篇均被引次数、高被引论文、热点论文和前沿论文等六大指标，从各个角度对国家（地区）科研水平、机构学术声誉、科学家学术影响力以及期刊学术水平进行全面衡量。

ESI主要指标如下：

论文数（papers）；

被引数（citations）；

篇均被引数（citations per paper）；

高被引论文（highly cited papers）；

基线（baselines）。

ESI通过设定特定领域与年份的不同被引频次标准，确保入选的论文在相应的领域和年份里，其被引频次属于靠前的1%范围以内。

（三）中国卓越科技论文

我国从2019年起实施"中国科技期刊卓越行动计划"，以5年为一个周期滚动实施，包括领军期刊、重点期刊、梯队期刊、高起点新刊、集群化试点项目，国际化数字出版服务平台、高水平办刊人才项目等。

为了引导科技管理部门和科研人员从关注论文数量向重视论文质量和影响转变，激励原始创新，既鼓励科研人员发表国际高水平论文，同时也重视发表在国内期刊上的优秀论文。中国卓越科技论文统计包含了中国科研人员发表在国际期刊上的论文和国内卓越期刊上的论文。

2020年中国卓越科技论文共计49.38万篇，比2019年增加27.6%，其中卓越国际科技论文24.60万篇，卓越国内科技论文24.78万篇。卓越论文数量最多的学科是临床医学，化学，电子、通信与自动控制，生物学。

第二节　科技文献阅读方法

一、科技文献的收集途径

（一）中文科技文献

1.馆藏文献检索

馆藏文献来源于国家图书馆，省（市、自治区）级图书馆，市级图书馆以及各高等院校图书馆。文献包括纸质、电子图书和期刊。有的图书馆特别是高等院校图书馆有一定数量的外文图书，甚至外文期刊。档案馆则是历史档案文献的来源地，有年代久远的资料，也有近年的资料。

随着信息技术的发展，很多图书馆提供联机检索服务，如中国国家图书馆、中国教育和科研计算机网、中国科学院文献信息中心、国家科技图书文献中心、清华大学图书馆、北京大学图书馆、CALIS联机公共数据库等。各个学科领域还有一些专业性很强的图书馆或联机公共检索平台，例如农业科学方面有国家农业图书馆、中国农业科技文献数据库等。

2.文献在线检索

可以检索中文全文的数据库有很多，其中广泛使用的有中国知网、万方数据知识服务平台、维普咨询中文期刊服务平台、百度学术、Spischolar学术资源在线、超星发现（搜索系统）等。Web of Science检索引擎有些可以直接链接外文期刊。

各种科技期刊官网也可在线检索文献。

（二）英文科技文献

国内高校图书馆、科研院所可能订购了各类外文期刊（印刷版）或期刊电子数据库，可供广大师生或科研人员查阅。国际上，一些国家或大出版集团、大学图书馆建有各种文献的电子数据库可供查阅，有的期刊文献作者已经付费，可以免费下载全文；有的期刊文献只能阅读摘要，付费后才可以下载全文。

下面是一些比较常用的英文科技文献资源。

Elsevier Science Direct：荷兰爱思唯尔出版集团，2200多种期刊，从1995年起收录至今。

Highwire Press：美国斯坦福大学，950多种电子期刊。

Oclc-Medline（Online Computer Library Center）：9580多种期刊，从1965年起收录至今。

SpringerLink：1500余种电子期刊。

Wiley Online Library：1600多种期刊。

OCLC PapersFirst：会议论文，从1993年起收录至今。

ProQuest：学位论文全文数据库（PQDD中信所镜像）。

NCBI（National Center for Biotechnology Information）：PubMed。

Web of Knowledge（含 SCIE，SSCI，AHCI，INSPEC，BCI 等）。

EBSCO（含 ASP，BSP，PsycInfo，PsycArticle，ERIC，Ebooks 等）。

其他语种科技文献可检索相关国家的数据资源以及该语种的图书和期刊。

（三）网络文献检索步骤

随着互联网的发展和数字化进程的加速，网络查阅文献越来越便捷，其基本步骤如下。

（1）选择数据库：根据检索文献的要求，选择适当的数据库。

（2）登录数据库：输入数据库网址，登录数据库。有的数据库需要注册后才能登录。

（3）设定条件：时间跨度、学科领域、文献出版类型等。

（4）给出主题词或检索式：1 ～ 3 个主题词分别检索，必要时可运用 and、or、（ ）、* 等组成检索式，以提高文献搜索的精确性，提高检索效率，一般以初筛得到几十篇至数百篇文献为宜。

（5）浏览标题：以确定是否符合，符合则继续，不符合则忽略。

（6）阅读摘要：对标题符合主题的文献，应先阅读摘要，初步了解文献研究内容，再确定是否下载。

（7）下载保存：将检索到的符合要求的文献资料下载到本地计算机保存，便于后续阅读。

文献检索要做到全面、结果准确。如果检索到的文献不符合综述主题，则应调整检索词、检索式，重新检索，直至符合要求。

（四）文献的取舍与管理

文献检索要做到检索全面、结果准确。如果检索的文献不符合主题，则应重新检索。对于检索下载的文献，可以从几个方面来考虑取舍。

一是期刊级别，应选择 Top 期刊，SCIE、EI 期刊，中国卓越期刊，中文核心期刊。

二是论文被引频次，选择相对高被引论文。发表后 3 年没有被引的论文，一般可以忽略，除非你的研究方向偏冷门。

三是发表年份，要尽量多阅读近 3 年发表的论文，对于发表 10 年以上且引用频次很低的文献可以忽略。

下载的电子文献，要按照学科领域、研究方向分别保存，便于日后查阅和列入文章的参考文献列表。文献管理软件种类很多，如用于英文文献管理的有 EndNote、Mendeley、Zotero，对中文支持较好的有 NoteExpress。建议购买和使用正版软件。

二、科技文献的阅读方法

（一）阅读的基础要求

科技文献一般由题目、作者信息、摘要、引言、正文（材料方法、结果分析、讨论、结论）、致谢、参考文献和附录（非必须）等部分组成。

科技文献是写给专业人员阅读的，需要阅读者具有一定的专业理论基础，了解相关的实验操作和技术方法。阅读英文科技文献，需要有一定的英语基础，如通过全国大学英语四、六级考试，并有一定的专业英语词汇量。

科技文献阅读对于刚进入科研领域的硕士研究生和科学技术人员而言，存在一定的困难。一方面是其对研究领域和研究方法不了解，尤其是跨专业攻读研究生的同学；另一方面是语言障碍，很多同学的英语词汇量少，尤其是专业英语词汇缺乏，对英语语法和句子结构不熟悉，这给英文文献阅读带来了困难。

那么，当你的专业基础和英语语言基础都不够时，该怎么办呢？建议你采取以下方法，快速提高自己的阅读能力。

（1）查阅、精读几篇相关的中文文献，包括你的导师或相关老师发表的论文，课题组师兄、师姐的学位论文，熟悉将要开展的研究领域的专业术语和概念，了解专业领域常用的研究方法。

（2）积极参加课题研究，包括导师或团队老师的相关课题、学长们正在研究的学位论文课题，多学习和掌握实验操作技术，增加感性认识。

（3）采用短期突击与日积月累相结合的方法，快速增加英语词汇量，熟悉英语的句子结构和语法，不断提高英语阅读水平。

（4）在导师和学长的指导下，选择优秀的英文文献精读，一开始可以每周

1篇，以后逐步增加到每周3篇或更多，并可以通过做读书报告等形式与实验室老师和同学交流，提升专业知识和专业英语词汇量，提高英语阅读速度和理解能力。

（二）阅读的方法

科技文献的阅读要讲究方法，阅读的一般顺序如下：对潜在的相关科技文献浏览泛读→初筛文献→精读文献→阅读笔记。

对于一般的科技文献，阅读标题、摘要，有一个大致的了解即可；对于重点科技文献，要仔细阅读，做好笔记，增加记忆，便于日后查找。

科技文献阅读可以采取以下步骤。

（1）浏览文献：对潜在的相关科技文献浏览泛读，如果相关，则进入下一步。

（2）初筛文献：看标题和关键词，确定文献是否相关，如果相关则进入下一步。

（3）读摘要和结论：以确定文章对自己的价值，如果有价值则进入下一步。

（4）阅读全文：浏览图表和注释，阅读引言，了解研究的背景和原因；仔细阅读实验部分，了解设计思路；精读结果、讨论，了解文献的研究深度、意义、不足和展望。

（5）做好笔记：利用EndNote或NoteExpress等文献管理软件管理文献，做好阅读笔记。

（6）一段时间集中精力阅读，可以提高阅读效率。

同时，要经常与老师、同学或同行进行交流，探讨文献涉及的实验方法、研究思路和结果、结论等，加深对文献的印象，巩固所学的知识。

由于每个人的知识背景不同，阅读方式和阅读习惯等存在差异，因此，要根据自身的条件，采取合适的阅读方式，提高阅读能力和效率。

第三节　综述撰写

一、综述的类别和写作意义

（一）综述的类别

综述型论文，也称为文献综述。综述是作者在博览群书的基础上，综合介绍、分析、评述某一时期内该学科或专业领域里国内外的研究新成果、发展新趋势，并表明作者自己的观点，对本研究领域的发展进行科学预测或提出中肯的建设性意见。综述属于三次文献。

从内容上看，综述大致可以分为两类，第一类是综合性综述，是对有关学科或学科分支某一研究方向的研究进展进行的综合阐述；第二类是专题性综述，是对有关技术、产品或某一问题的综合阐述。

从写作方式看，综述可分为叙述性综述、评论性综述和专题研究报告。

（1）叙述性综述，对某一研究领域或研究方向的进展和成果进行的综合性报道，以汇集前人、他人研究结果为主，辅以适当注释，而较少评述，具有客观性强的特点。

（2）评论性综述，也称述评，在广泛阅读文献的基础上，全面系统地总结某一专题的各种数据、观点，并给予深入的分析和评价，提出明确的建议。

（3）专题研究报告，针对某一研究领域或方向，查阅大量文献资料，进行深入分析和调研，得出该领域或方向的研究现状、进展的结论，提出今后发展趋势预判或发展方向的建议。

（二）综述的写作意义

文献综述，有助于读者尤其是刚进入相关领域的科技人员包括研究生，快速了解该领域或方向的最新研究进展。了解并掌握文献综述的写作技巧，可以为研究生学位论文和科技论文的写作奠定基础，为课题选题提供借鉴，并为即将实施的课题研究提供技术参考，延伸研究契机。

学位论文的综述或绪论，不仅可以帮助评审专家和读者了解论文课题的研究背景、必要性和意义，激发读者的阅读兴趣，还可以帮助研究生展示自己对文献归纳分析和梳理整合的综合能力，有助于提升学位论文的水平。

二、综述的谋篇和写作要点

（一）综述的结构

综述性论文的格式与其他研究型科技论文相似，应符合 GB/T 7713.2—2022 的要求。学位论文的综述或绪论一般作为第一章，应符合高校学位论文编排格式的要求。

期刊综述主要包括以下几个部分：

（1）题目。综述常采用这样的题目，如"××××的研究进展""×××× 研究现状与发展趋势"等。

（2）作者姓名及单位。按照贡献大小列出全部作者的姓名，通讯作者、并列第一作者要加标识（如*、#等），并在首页适当位置（如在作者单位下面或在左下角 1/4 处）进行注释。

各个作者所在单位或机构名称。若多个作者分别属于不同的单位，则应在姓名的右上角标注单位排名序号。

例：

家蚕滞育生理与分子机制研究进展

蒋 涛 [1,2] 唐顺明 [1,2] 沈兴家 [1,2*]

（1. 江苏科技大学生物技术学院，江苏省蚕桑生物学与生物技术重点实验室，江苏镇江 212018；2. 中国农业科学院蚕业研究所，农业部蚕桑遗传改良重点实验室，江苏镇江 212018）

（3）摘要和关键词。摘要应简要介绍综述的主要内容和目的。学位论文的绪论，不需要摘要。一般科技期刊要求提供 3～5 个关键词。

（4）引言。引言应简要叙述该领域的发展历史、现状、新进展，争论焦点，应用价值和实践意义；限定综述的范围，说明写作的背景。

（5）正文。综述的正文应按照某一条主线，分层次介绍该领域的研究进展，分析不同观点或结果的正确性并表明自己的观点，推断将来的发展趋势。要避免写成他人研究成果的简单堆积，为此必须认真研读每篇重要文献，找出研究发展的脉络。

（6）结语。结语是对正文做一个简要的总结，提出语言简明、含义确切的建议和展望。结语也可以不单独列出。

（7）致谢。对课题研究提供帮助的机构、个人和提供项目资金的机构或企业等表示感谢。虽然综述中不一定有自己某个项目的研究成果，但是它可能是实施某个项目必须要做的功课之一，即项目前期准备工作，因此综述也可以标注资助基金项目。

（8）参考文献。综述型论文是对已有研究的综合性阐述，参考文献尤其重要，一般应在30篇以上，且应有最近3年的科技文献。参考文献的著录格式应符合《信息与文献　参考文献著录规则》（GB/T 7714—2015）的要求。详见本书第二章。

（二）综述写作的总体要求

综述写作对作者的总体要求是：全面了解本领域的研究进展，包括历史、发展和趋势、争论的焦点；要阅读大量的相关文献，包括中文期刊和英文期刊文献，尤其是最近3～5年Top期刊的文献。

Top期刊的综述一般是邀约写作，一般性的期刊既接受研究论文，也接受综述。硕士研究生主要是写作学位课题开题前的文献综述、学位论文的综述或绪论。

一篇优秀的综述，应该具备以下几个要素：

（1）选题关注学科领域或产业的热点和难点问题。如上所述，综述是对学科或专业领域里国内外的研究新成果、发展新趋势的综合阐述，要着眼于热点和难点问题，以便为学科领域研究或产业关键共性技术的研发提供指导或借鉴。

（2）引用文献完整得当。撰写综述一定要广泛查阅相关文献资料，归类分析，去粗存精，切忌遗漏重要文献，尤其是Top期刊和中国卓越期刊的高被引论文。

（3）层次分明，结构完整。根据文献素材，厘清发展脉络，构建框架层次；按照框架脉络，合理安排文献素材，形成明确清晰的论述线索。

（4）提出独到的见解。优秀的文献综述，应在深入分析和阐述该领域研究最新成果的基础上，提出作者自己对今后发展的独到见解或预判，体现综述的原创性和学术价值。

（三）综述写作常见的问题

对于初涉综述写作的同学而言，一般容易出现以下几种情形：

（1）简单罗列。综述中仅列示出某某、某某等做了什么，就没有下文了。

（2）缺乏权威性。引用的文献层次低，不了解学术前沿、研究进展和趋势。

（3）句子直接照抄。不能很好地用自己的语言表述文献的结论，直接抄录文献的句子，而且重复多。

（4）层次混乱，详略不当。文献多、内容多，厘不清头绪，甚至前后矛盾。

（5）缺少自己的分析和见解。对该领域缺乏深入的了解、对文献一知半解，介绍他人研究成果后不能提出自己对本领域发展的见解。

（6）题目过大或过小。题目与正文内容不协调，存在过大或过小的情况，若题目过大，则需要阅读的文献数量庞大，难以厘清综述的思路和主题；若题目过小，则造成内容太少，缺乏参考价值。

要避免此类情况的发生，必须多阅读文献资料，做好阅读笔记，充分了解本领域研究的发展历史、最新进展和发展趋势。初次写作综述型论文，可以先模仿本领域或相近领域的优秀综述型论文的写作方式。

三、综述的写作步骤

（一）确定主题

综述，一般应选择与作者所从事的专业密切相关的主题，对此，作者有实际的工作经验，有比较充分的发言权；也可以选择与作者专业关系不大，但是作者掌握了一定的素材，又乐于探索的主题。在确定综述的主题时，主要应考虑以下几个因素：①该领域国际国内的发展动态；②相关行业和学科的发展需要；③相关产业重要关键技术背后的科学问题。

研究生开题报告的综述和学位论文的绪论，应按照导师确定的学位论文课题的研究方向，选择和确定文献综述或绪论的主题。

（二）查阅文献

确定选题之后，要广泛收集、查找文献，并进行初筛；对符合选题要求和重要的文献要进行精读，做好笔记；及时整理积累的资料。

那么，我们应该如何查找和阅读文献呢？对这个问题的答案可能千差万别，但是一般可以参照下列方式查阅相关文献。

——根据选定的主题，查找内容较完善的近期（或由近到远）期刊文献，再按照这些文献后面的"参考文献"去收集原始文献资料；通过网络检索工具查阅文献，就能较快地找到需要的目标文献。

——在平时工作学习中，随时积累，做好读书文摘或笔记，以备用时查找，可起到拾遗补阙的作用。

——查找到的文献首先要浏览一下，然后再分类阅读。有时也可以边搜集、边阅读，根据阅读中发现的线索再跟踪搜集、阅读。重要的文献资料应通读、细读、精读，这是撰写综述的重要步骤，也是咀嚼和消化、吸收的过程。

——阅读中要分析文章的主要依据，领会主要论点，在电脑软件中分类摘记每篇的主要内容，包括技术方法、重要数据、主要结果和讨论要点，以便为写作做好准备。对阅读过的资料必须进行加工处理，这是写作综述的必要准备过程。

——按照综述的主题要求，对所做的笔记进行整理，分类编排，使之系列化、条理化，力争做到论点鲜明而又有确切依据，阐述层次清晰而合乎逻辑。

——对分类整理好的资料轮廓再进行科学的分析，最后结合自己的实践经验，写出自己的观点与体会，这样客观资料中就融进了主观见解。

（三）初定题目

根据综述的主题、内容，可以初步确定综述的题目。题目的大小范围要适当，题目过大，必然要查找大量文献，增加阅读整理过程的困难，甚至无从下手，顾此失彼；而且面面俱到的综述也难以深入，往往流于空泛或一般化。

题目较小的综述穿透力强，容易分析得深入。初学者以写较小题目为宜，从小范围写起，积累经验后再逐渐写作较大范围的专题综述。但是题目也不能过小，尤其是期刊的综述论文，题目太小，则没有多少参考价值，不易被录用和发表。

题目还必须与内容相称、贴切，不能小题大做或大题小做，更不能文不对题。好的题目可一目了然，看题目可知内容梗概。

（四）草拟提纲

初学者可以先找 2 ～ 3 篇与自己综述标题、结构相似的综述文献做参考。根据查阅的文献资料和阅读笔记，草拟一个文献综述的框架或提纲。

决定先写什么、后写什么，哪些应重点阐明、哪些地方融进自己的观点、哪些地方可以省略或几笔带过。重点阐述处可以适当分几个小标题。

拟提纲时，开始可以写得详细一点，然后边推敲边修改。

（五）框架填充

根据草拟的框架，有目的地查阅文献，提取相关信息，填入框架内，这样综述的雏形就基本形成了；再仔细阅读稿件，根据文献资料补充内容，适当调整框架结构。

按拟定的框架，逐个问题展开阐述。说理透彻，既有论点又有论据，要掌握重点，并注意反映自己的观点和倾向性，对文献中的那些相反观点也应简要列出。对于某些推理或假说，要考虑学界专家所能接受的程度，可提出自己的看法，或作为问题提出来进行讨论，然后阐述展望，形成初稿。

如果正文部分已有详细明确的结论，结束语可以省去；如果觉得正文部分阐述不够充分，可用结束语来画龙点睛。

（六）整理定稿

对初稿要反复多次修改加工。有时甚至需要根据掌握的资料，对原定主题进行适当调整，舍弃无用的内容，补充新的内容，使综述更具有针对性。修改步骤如下：

——题目、框架结构是否合适。

——引用文献是否正确无误（核对原文献）。

——逻辑推理是否严谨，评价、建议是否恰当。

——文句是否流畅，是否有错别字。

——引用文献结果时要重新组织语言，避免抄袭嫌疑；引用文献一般 30 篇以上，且应有一定数量的最近 3 年的科技文献。

四、综述型论文实例分析

下面以发表在《昆虫学报》上的一篇综述为例阐述综述写作。

题目：鳞翅目昆虫内共生菌研究进展 —— 简明扼要，信息丰富

摘要：内共生菌（endosymbionts）与其昆虫宿主的共生关系是普遍存在的，它们彼此相互依赖、相互影响、协同进化。 } 综述所属领域

近年来，关于昆虫内共生菌的研究多以半翅目（Hemiptera）和双翅目（Diptera）昆虫为主，但数量不断增加的研究表明鳞翅目（Lepidoptera）昆虫与其体内共生菌的互作模式和机制也正在受到越来越多的关注。鳞翅目昆虫种类多，分布广，主要作为植食者、传粉者在生态系统中发挥作用，而其绝大部分幼虫会对农林业生产造成巨大的经济损失。 } 研究背景和意义

鳞翅目昆虫体内共生菌群落多样性相对较低，主要以次生共生菌 *Wolbachia* 为主，少数也感染有 *Spiroplasma*，*Arsenophonus* 及 *Rickettsia*。它们常呈严格的母系垂直传播，也会发生一定比例的水平传播，在宿主的生长发育、生殖调控、环境适应、遗传进化方面发挥重要作用。目前一般采用诊断性聚合酶链反应、高通量扩增子测序、宏基因组测序等方法检测内共生菌。但鳞翅目昆虫内共生菌研究领域存在一些难点，包括：大多数内共生菌无法离体培养；丰度较低的内共生菌的生物学功能难以确定。 } 研究进展

基于鳞翅目昆虫内共生菌的分布及该领域的难点，建议未来的研究重点应放在次生共生菌及其生物学功能上。 } 今后研究建议

引言写作开门见山直入主题。写作口径从昆虫内共生菌，到鳞翅目昆虫内共生菌，再到本文写作的意义。

引言：昆虫在自然界中种类丰富，数量庞大，已知60%以上的昆虫都含有内共生菌。内共生菌与昆虫的相互作用不仅是亲密的，往往还是错综复杂的。在长期的协同进化过程中，内共生菌一般生活在宿主特化的含菌细胞内，宿主昆虫为其提供生长所必需的小生境；而内共生菌能赋予宿主昆虫新的生物学效应（Latorre and Manzano-Marín，2017），在宿主的生长发育、生殖调控、环境适应、遗传进化等诸多方面发挥重要作用（Cardoza et al.，2006；Oliver et al.，2009），它们彼此相互依赖、相互影响、协同进化（Baumann et al.，1995）。

> 开门见山直入主题：昆虫内共生菌

近年来，昆虫与其体内共生菌的互作关系受到越来越多的关注。由于内共生菌无法离体培养，对其研究只能以宿主昆虫为载体，所以建立有或没有某种共生菌的昆虫种群体系已被证明是一个强有力的手段，对于有效评估单个或多个共生菌在复杂生物体中发挥的潜在作用等提供了可能，但仍面临诸多挑战（Liu et al.，2020）。目前，国内外关于昆虫内共生菌的研究大多以半翅目（Hemiptera）和双翅目（Diptera）昆虫为主，如豌豆蚜 *Acyrthosiphon pisum*（Wang et al.，2020）、烟粉虱 *Bemisia tabaci*（Shan et al.，2021）、灰飞虱 *Laodelphgax striatellus*（Duan et al.，2020）、黑腹果蝇 *Drosophila melanogaster*（Mazzucco et al.，2020）、尖音库蚊 *Culex pipiens*（Altinli et al.，2020）以及白纹伊蚊 *Aedes albopictus*（Hu et al.，2020）等。

> 昆虫内生菌研究（口径大）

目前，鳞翅目（Lepidoptera）昆虫与其体内共生菌作用的模式和机制研究正在受到越来越多的关注与重视。鳞翅目是昆虫纲中仅次于鞘翅目（Coleoptera）的第二大目，包括蛾、蝶两类昆虫，属有翅亚纲（Pterygota），全变态类昆虫。全世界已知鳞翅目昆虫约20万种，中国已知约8000种（其中蛾类约6000种，蝶类约2000种），分布范围也极广，以热带种类最为丰富。它们主要作为植食者、传粉者在生态系统中发挥作用。关于鳞翅目昆虫生理学、生态学、遗传进化学等方面的研究多有涉及，但直到近期，鳞翅目昆虫与其体内共生菌的互作关系才成为研究的热点之一。}**鳞翅目昆虫内生菌研究（口径小）**

本文主要以鳞翅目昆虫为研究对象，阐述鳞翅目昆虫体内共生菌感染状况、传播方式、生物学效应及研究手段，并对今后的研究进行展望，以期为探索基于内共生菌－鳞翅目昆虫互作关系的新型害虫防治策略提供参考。}**本文写作的意义**

正文（略）中作者分4个层次展开：

（1）鳞翅目昆虫内共生菌感染状况；

（2）鳞翅目昆虫内共生菌的传播方式；

（3）鳞翅目昆虫内共生菌的生物学效应；

（4）鳞翅目昆虫内共生菌的研究手段。

在小结与展望中，作者总结了综述的主要内容，并对今后的研究提出了建议。

小结与展望：迄今，鳞翅目昆虫及其体内共生菌的互作关系受到越来越多的关注。其中，大多数针对鳞翅目昆虫内共生菌的研究，都与*Wolbachia*有关，*Wolbachia*在自然界中高度流行，形式多样，且在宿主性别决定的进化中发挥着重要作用，但其背后的分子机制尚待深入研究。当然，我们毫不怀疑}**总结正文内容**

鳞翅目昆虫内共生菌的研究仍会以*Wolbachia*为主，但我们建议应该更多地关注除*Wolbachia*外的其他内共生菌的存在和互作机制研究，因为丰度较低的其他内共生菌也可能在宿主昆虫体内参与重要功能。

值得一提的是，随着微生物群落的高通量扩增子测序、基因组学、宏基因组学、宏转录组学、蛋白质组学及代谢组学的快速发展，人们可以借助各种生物技术手段不断探索宿主体内共生菌的种类、定位、功能及作用。如利用高通量扩增子测序检测宿主体内的微生物群落结构；运用基因组、宏基因组预测宿主体内共生菌的潜在功能；借助宏转录组、蛋白组推测宿主体内共生菌与宿主的分子功能交流；然后通过代谢组学分析为宿主体内共生菌调控宿主提供更为直接的代谢证据。综上，基于多组学关联分析，阐明宿主体内共生菌诱导表型变化的分子机制。最后，当我们对内共生菌-鳞翅目昆虫系统有了更深的了解，就可以从生产应用的角度出发，利用*Wolbachia*等其他内共生菌的生物学效应，如杀雄、雌性化、细胞质不亲和等，定向调控昆虫内共生菌，诱导鳞翅目昆虫产生新的理想表型，从而形成新的害虫可持续绿色防控策略，达到对害虫生物防治的效果。

展望并提出今后研究的建议

全文引用参考文献112篇，其中中文文献7篇。

第二章

CHAPTER **2**

科技论文写作

【内容提要】本章介绍了科技论文的特点和格式、选题和题目要求、谋篇布局以及各部分的写作顺序。重点介绍了实验研究型科技论文各部分的写作要求和技巧，尤其是引言、实验材料与方法、结果与分析、讨论部分的写作，以及参考文献引用和著录格式等。

第一节　选题与写作顺序

一、科技论文的特点

在第一章中，我们根据科技论文发挥的作用，将其分为期刊论文、会议论文、学位论文，期刊论文又分为学术性论文、技术性论文。同时，科技论文又按照研究方式和论述内容分为实验研究型论文、理论推导型论文、理论分析型论文、设计型论文和综述型论文。那么科技论文具有什么特点呢？

（一）创新性或独创性

科技论文报道的主要研究成果应是前人或他人所没有的，也就是说，一篇科技论文一定要有所发现、有所发明、有所创造、有所前进，要以实事求是和严肃的态度提出自己的新见解，创造出前人没有过的新理论或新知识。

（二）理论性或学术性

理论性是指科技论文应具有一定的学术价值，也称为学术性。科技论文要将实验或观测所得的结果，从理论高度进行分析，把感性认识上升到理性认识，进而找出带有规律性的东西，得出科学的结论。论文所表述的发现或发明，不但应具有应用价值，而且还应具有理论价值。

（三）科学性

科技论文的科学性，表现在其内容、表述和结构3个方面。

内容的科学性。表现为论文的内容是真实的，是可以复现的成熟理论、技巧或物件，或者是经过多次使用已成熟并且能够推广应用的技术。

表述的科学性。表现为表述得准确、明白，语言贴切；表述的概念要进行科学的定义或选择恰当的科学术语；表述的数字要准确。

结构的科学性。表现为论文的结构应具有严密的逻辑性，运用综合方法，从已掌握的材料中得出结论。

（四）准确性

准确性是指对研究对象的内在规律和性质表述的接近程度，包括概念、定义、判断、分析和结论要准确，对自己的研究成果的估计要确切、恰当，对他人的研究成果，尤其是在做比较时的评价要实事求是，切忌片面性和说过头话。

（五）规范性和可读性

科技论文必须按一定的格式写作，必须具有良好的可读性。在文字表达方面，要求语言准确、简明、通顺，条理清楚，层次分明，论述严谨。在技术表达方面，包括名词术语、数字、符号的使用，图表的设计，计量单位的使用，参考文献的著录等都应符合规范化要求。

（六）继承性

科学具有继承性。有人曾估计过，一个创造性的科技项目，90%的知识可以从以往的文献中获得，所以在科技论文的写作中，一个必要的先决条件就是学习前人所创造的知识，即占有充分的文献资料。牛顿成功推导出万有引力定律并把它推广到了星系空间，是建立在胡克发现的万有引力定律和推导出的公式之上。牛顿说："我之所以伟大，是因为站在巨人的肩膀上。"

二、选题与题目要求

科研选题活动的动因在于发现问题，因为只有发现了科学技术问题，找到了研究目标，我们才会去寻求实现这一目标的途径和方法，才能就题而论，开展研究。因此，每一个科研课题或项目，必然始于选题。而科技论文则是对科研方法、结果和结论的恰当展示。

（一）影响论文选题的因素

实验研究型科技论文的选题，主要取决于科研项目的研究结果。只有当科学技术研究取得一定的结果时，才需要也才有可能写作实验研究型科技论文。根据研究结果，确定论文的主题，再根据主题组织研究结果，并通过分析得出结论；然后再确定论文题目（题名）。

同时，科技论文的选题，也受到每个科技人员从事的研究领域、知识背景、掌握的实验技能和科研平台条件的影响。同一组实验数据，不同的科技人员，由于视角和认识上的差异，可能写出风格迥异的科技论文，甚至结论也会有某些偏差。

（二）论文题目的要求

论文题目是以最恰当、最简明的词语反映论文最重要的特定内容的逻辑组合。题目应能清楚而准确地概括论文的主要内容，既要力求简明扼要，又要提供尽可能多的信息，要尽量使用引人注目的关键词语，以吸引读者，使他们有兴趣阅读全文。

1.题目的一般要求

论文题目要准确得体，简短精炼。论文题目应能准确地表达论文的中心内容，恰如其分地反映研究的范围和达到的深度，不能使用笼统的、泛指性很强的词语。

题目通常是一个短语，尽量不用标点符号。避免使用未被公认的或不常见的缩略词、代号、化学公式、数学式、专有名词、术语、行话、生僻词、过时词等。

题目一般不使用疑问句，但是如果疑问句使用得当，反而可能增加题目的感染力，引起读者的兴趣。例如下面 3 篇文献就以疑问句作为题目。

TABUNOKI H, BONO H, ITO K, et al. Can the silkworm (*Bombyx mori*) be used as a human disease model? [J]. Drug Discov Ther, 2016, 10 (1): 3-8.

KIEFT K, ANANTHARAMAN K. Virus genomics: what is being overlooked? [J]. Curr Opin Virol, 2022(53): 101-200.

罗瑞，潘力，孙元，等.非洲猪瘟病毒的非必需基因：真的可有可无吗？ [J] 微生物学报，2021，61（12）：3903-3917.

2. 题目的长度

论文题目应该用最少的字数最准确地概括论文的主要内容，不能太长。但是，题目也不能太短，以防引起意思含混不清。

GB/T 7713.2—2022 规定，中文题目一般不宜超过 25 字。美国、英国出版的科技期刊，建议论文题目不超过 12 个词或 100 个字符。但是，题目长度的规定不是绝对的，尤其在科学技术飞速发展、研究日趋复杂的今天，很多论文题目超过了规定字数。因此，判断论文题目是否恰当和合适，要看其是否准确地表达了文章的中心内容。

那么如何才能使题目简短精炼呢？通常可以从以下几点去考虑删减：

（1）尽可能删去多余的词语。例如，"番茄耐弱光性遗传规律的分析及研究"，这里的"分析"和"研究"是近义词，我们可以删除"分析及"或删除"及研究"。

（2）避免将同义词或近义词连用。例如，"叶轮式增氧机叶轮受力分析探讨"，这里的"分析"和"探讨"是近义词，保留其一即可。

（3）删除不必要的字或词。例如，"关于加快舟山市渔业发展的思考"，这里的"关于"是做定语，删除后不影响意思表达。

3. 副标题

GB/T 7713.2—2022 规定，有以下几种情况的，可以使用副题名（副标题）：①如果主标题语意未尽，用副题名补充说明论文中的特定内容；②研究成果分几篇论文报道，或是分阶段的研究结果，各用不同的副题名以区别其特定的内容；③其他有必要用副题名作为引申或说明的情况。

例如，下面几篇论文的题目都使用了副标题：

（1）2014 年新版《蚕品种审定标准》解读——桑蚕品种审定标准。

（2）家蚕安全高效转基因技术体系的研究——家蚕定点转基因体系的建立及应用。

（3）杭州西湖园林植物配置研究——植物群落功能、种类组成与案例分析。

论义编排中，副标题应紧靠在主标题下，中间不空行，前要加破折号，所用字体也应区别于主标题。例如：

中国生物技术的崛起

——八六三计划生物技术领域十年回顾

安道昌　黄炽华　徐新来　李　青　付红波

（国家科委中国生物工程开发中心）

4.常见的问题

（1）题名反映的面大，而实际内容包括的面窄

例如，"新能源的利用研究"。该题目的面很广，新能源，至少可以包括风能、潮汐能、光伏能等，而论文包含的实际内容较窄，仅仅是沼气，因此，该论文的题目可改为"沼气的利用"或"沼气利用的研究"。

例如，"中国房地产现状研究与对策"。该题目涉及的面很广，包括整个中华人民共和国范围内的房地产，而论文内容只涉及某某市，因此可改为"某某市房地产发展现状研究与对策"或"某某市房地产发展的思考"。

（2）概念、判断不合逻辑

例如，"辐射在我国蚕业中的应用研究概况"。这是一篇综述型论文，辐射是指由场源发出的电磁能量中一部分脱离场源向远处传播，而后不再返回场源的现象，能量以电磁波或粒子的形式向外扩散，因此，题目中"辐射"的概念不正确，可改为"辐射技术在我国蚕业中的应用研究概况"。

（3）题目含糊不清

题目中用"谈一谈……""浅谈……""对……的粗浅认识"等，例如"浅谈我县发展蚕桑产业的优势、现状和对策"。一是"浅谈"有点含混不清，没有表达论文的主要特征和内容，应该是"分析"现状和优势；二是"我县"的指代不明；三是题目使用标点，不符合题目的一般要求。可改为"某某县发展蚕桑产业的优势和现状及对策建议"。

（4）外延与内涵不恰当

例如，"煤、电能、劳动力的合理转换"。题目使用的概念在本质属性上不统一，可改为"热能和电能及机械能的合理转换"。

例如，"苎麻的起源与发展"。该论文主要论述"苎麻"名称的由来以及苎麻在中国的栽培，因此可改为"苎麻名称的起源与苎麻在中国的发展"。

（5）有意无意拔高研究水平

有的作者缺少科技论文的写作经验，不能很好地把握自己的科研水平，虽然课题研究没有什么深度，却有意无意地拔高研究水平，常常把"……的机理""……的规律"一类词语用在题目上。比较客观的写法是"……现象的解释""……的一种机制"。

三、谋篇布局

当论文题目确定以后，首先就要谋划文章的布局，搞清各部分的边界与口径。很多作者尤其是初次写作者，常常不清楚如何确定自己论文各部分的外延，即引言、材料与方法、结果与分析、讨论等各部分的边界及其口径关系。总体上，论文的主体部分外延应该是一个哑铃形结构（见图 2.1）。

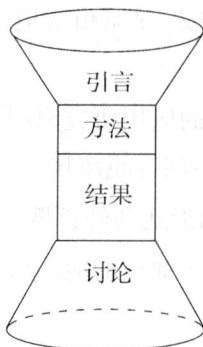

1.不同模块表示科技论文的不同部分。
2.模块的上、下周长表示内容的外延。
3.模块面积表示篇幅。

图 2.1　科技论文主体部分外延的模块结构

（一）引言

引言部分的开头是对命题的广泛关注，以引起更多读者的兴趣；引言的结尾应与结果部分严格一致；在引言的开头和结尾之间，则应交代该项研究的背景信息，将相关问题和本研究中为解决问题所采取的方法建立起逻辑关系。因此，从外形上看，引言的口径一般呈倒梯形，上大下小。

（二）材料与方法

材料与方法部分，则要说明研究结果是如何得到的，以说明研究结果的可信度。因此，其口径应该与结果部分完全一致，每一种方法要有对应的结果，不能出现有方法而无结果的情况。反过来，重要的研究结果都应有对应的研究方法。

（三）结果与分析

论文的整体结构是由"结果"支配的，"结果"决定了"材料与方法"的外延，每一个重要结果一定要有对应的方法，而且论文中的每一部分都必须与结果部分的数据和分析相关联。

（四）讨论

讨论部分的开头应与结果部分的广泛性（外延）一致，结尾部分应与引言部分开头的广泛性一致。从自己的结果出发展开讨论，与他人已有的成果进行比较；最后论文解决你在开头部分提出的广泛性问题，说明该研究工作在该领域或学科中的重要意义。

三、写作顺序

初次写作科技论文可能遇到的另一个常见问题就是论文各部分的写作顺序应该怎样。科技论文的写作顺序，并不是按照论文的结构依次进行。不同类型的论文的写作顺序不相同；不同作者的写作顺序也有差异。实验研究型论文的写作顺序一般可以按照以下步骤进行（见图 2.2）。

（一）确定主题

实验研究型论文的写作，通常始于课题研究取得的阶段性结果或完整结果。只有取得了创新性的研究结果，才能写作科技论文，因此，研究结果是实验研究型论文写作的前提。有了研究结果以及对结果的初步分析，就可以确定论文的主题。

```
┌──────────┐    ┌──────────┐    ┌──────────┐
│ 研究结果 a │────│ 研究结果 b │────│ 研究结果 c │
└──────────┘    └──────────┘    └──────────┘
                     │
                ┌──────────┐
                │ 1.确定主题 │
                └──────────┘
                     ⇕
                ┌──────────┐
                │ 2.组织结果 │
                └──────────┘
        ┌────────────┼────────────┐
        ↓            │            ↓
  ┌──────────┐  ┌──────────┐  ┌──────────┐
  │ 3.实验方法 │←─│ 4.分析结果 │→─│ 5.撰写引言 │
  └──────────┘  └──────────┘  └──────────┘
        ↓            ↓            ↓
  ┌──────────┐  ┌──────────┐  ┌──────────┐
  │ 8.确定题目 │←─│ 6.展开讨论 │←→│ 7.提出问题 │
  └──────────┘  └──────────┘  └──────────┘
        ↓            ↓            ↓
  ┌──────────┐  ┌──────────┐  ┌──────────┐
  │11.研究意义 │←─│ 9.得出结论 │⇠⇢│10.完成程度 │
  └──────────┘  └──────────┘  └──────────┘
        ↓            ↓            ↓
  ┌──────────┐  ┌──────────┐  ┌──────────┐
  │12.参考文献 │  │13.写摘要  │  │14.写致谢  │
  └──────────┘  └──────────┘  └──────────┘
```

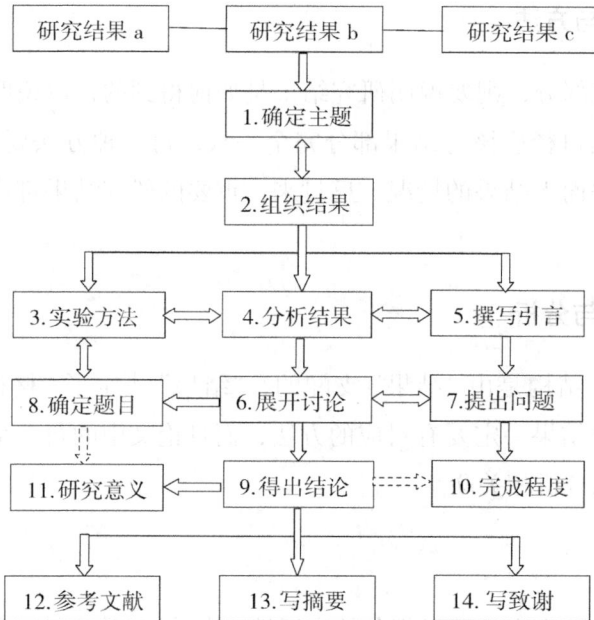

1.文本框中的数字表示写作顺序编号，文字表示写作内容。
2.实线箭头表述写作的主要方向，虚线箭头表示较弱的顺序方向，双向箭头表示两者之间有互为前提的关系。

图 2.2　实验研究型论文的写作顺序

按照目前的科技管理体制，实际上在科研项目申报时，申请人已经提出了科学问题、科学假设，或者技术研发目标，经过一段时间的研发，得到了具有创新性的研究结果，这些结果可以支撑申请人提出的科学问题或假设，或者解决产业中的某项技术难题，这样论文的主题也就自然而然地产生了。

（二）组织结果

我们从研究结果出发，确定了论文的主题。如果某项研究有很多研究结果，此时我们就要对结果进行初步的分析、判断，按照结果服务主题的原则，选择适当的结果作为这篇论文的内容，把其他与主题无关的结果放在一边（可能适合写作另外的论文）。但是，这绝不是说我们可以按照主观设想选择"理想"的结果。科学是严谨的、实事求是的，来不得半点虚假。

硕士研究生在科技论文写作中容易出现的情形是将没有内在联系的多个实验结果罗列到同一篇论文中，造成主题不明确或重点不突出的问题。

（三）实验方法

确定了这篇论文写作用到的研究结果后，我们就要把取得这些结果的"实验方法"加以阐述，每一个结果应有对应的实验方法，反之亦然。不应出现有方法无结果，或者有结果但无方法的情况。这里需要把握好写作的详细程度，自己创新建立的方法和重要的方法要详写，通用方法应简写或引用参考文献。

（四）分析结果

接下来要对实验结果进行深入细致的分析，从而得出某一生命活动或现象的内在规律，并用最恰当的形式进行展示；或对新技术、新产品研发的主要技术参数进行分析，并对这些技术参数加以必要的验证。

（五）撰写引言

通过对研究结果的分析，基本明确了本研究可能得出的结论，就可以开始撰写引言。引言要说明研究的属性、研究背景和需要研究解决的科学或技术问题，采用的主要方法、取得的主要结果和结论。如果在讨论过程中，发现引言写作与讨论不协调，则还需要回过去修改引言。

（六）展开讨论

根据结果分析，与前人和他人研究成果进行比较，得出科学客观的结论，并说明本研究的创新性，本研究对引言提出的科学或技术问题的完成程度，研究结果在本领域的科学意义或新技术、新产品的应用前景。

（七）确定题目

在论文主题、研究结果、实验方法等确定后，就可以草拟 1～2 个题目，待引言和讨论完成后，修改确定一个最能反映论文内容且引人注目的题目。

（八）参考文献和致谢

实际上，在论文引言、撰写方法和讨论等过程中，都需要引用参考文献。在上述各部分写作完成后，应在正文后面列出引用的全部参考文献，著录格式应符合目标期刊的要求。

致谢为非必须项，如有单位或个人在研究过程中提供了帮助，则应表示感谢。同时，要注明提供研究经费的科研项目。

（九）撰写摘要

只有在论文各部分写作完成后，我们才能撰写论文摘要。中文核心期刊一般要求同时提供中文摘要和英文摘要，英文摘要应与中文摘要完全对应。

但是，科技论文各部分的写作顺序并不是固定不变的，一篇科技论文通常需要经过反复多次的思考、推敲、修改和打磨，各部分写作的先后顺序常有交叉。

第二节　各部分的写作

一、引言

（一）引言的作用和内容

1.引言的作用

引言，又叫序言或前言，其作用是开宗明义。写引言的目的是向读者交代本研究的来龙去脉，使读者对论文有一个总体的了解，并唤起读者对本论文的兴趣。写一篇好的科技论文就像是讲一个生动而完整的故事，而这个故事必然始于一个好的引言。

我们写科技论文的目的，一方面是要向读者和同行介绍自己的研究成果，逐步建立起自己在论文所涉领域的研究地位；另一方面是要传承知识，通过论文的写作和发表，把我们的知识和经验教训传给后人，包括刚进入该领域不久的新手。引言中适当阐述研究背景，有助于读者了解论文所涉领域的发展历程，更好地理解随后叙述的研究结果，以及研究结果的意义。同时，引言可以起到引导读者"认同"论文的研究意义、"接受"论文的结论或观点的作用。写好论文的引言，还可以提升论文的整体水平，提高录用的可能性。因此，我们必须十分重视引言的写作。

故事人人会讲，但是要讲好故事，使故事听起来生动有趣且情节完整，并非易事。引言的写作也是如此，看上去很简单的引言，当我们自己动手写作时，却不知从何处落笔、需要交代哪些内容，尤其是第一次写科技论文的时候，常常感觉无从下手。所以，接下来我们要介绍引言的内容和写作要求，并结合2篇研究论文的引言实例加以说明。

2.引言的内容

引言部分要介绍课题的研究背景，即课题所属领域的国内外研究现状；通过对前人和他人研究成果的分析，指出该领域研究中尚未解决的科学或技术问题，或存在的不足，以此引出本课题研究的主题和研究的必要性。同时，引言中要简要说明本课题研究的主要方法和取得的主要结果与结论，为论文后续内容的阐述做好铺垫。

为便于大家记忆，我们可以把引言的内容归纳成几个要素。

（1）所属领域：告诉读者本研究的性质和范围。

（2）研究背景：简要回顾论文所属领域国内外相关文献的内容，帮助读者理解论文所属领域研究的发展历程；通过对研究现状（来自相关文献）的分析，引出本研究的科学或技术问题，以及开展本研究的重要意义。

（3）研究方法：简单介绍本研究所采用的主要方法，如果相关研究有多种方法可以选择，必要时还应陈述为何选择这种方法而不选择那种方法。

（4）主要结果：列出本研究的主要结果，以引起读者继续阅读论文后面内容的兴趣。这方面，我们常犯的错误是把最重要的发现保留到论文末尾，有点像儒家文化倡导的"含蓄"，但是在现代科技论文写作中我们不提倡这种"含蓄"，而要尽早在引言中直叙自己研究的重要结果，增强论文的吸引力。

（5）研究结论：给出由研究结果推断出的主要结论。如果研究结果比较复杂，难以用简单的几句话表述清楚，引言中也可以不写结论。

（二）引言写作的总体要求

上面讲了引言的主要内容，我们在写作引言时一定要注意自己写的引言是否已经包含了上述要素，如果缺少某个要素，那就必须补上。在引言要素完整的基础上，我们还要对引言进行仔细的修改，使引言符合以下几点总体要求。

（1）适当铺垫，引出问题

在谋篇布局中，我们说科技论文的主体部分结构应该是哑铃形的，也就是说，引言部分开头是对研究所属领域的广泛关注，以引起更多读者的兴趣。但是，我们也不能把引言"放飞"得太远，铺垫得过多，要懂得及时"收线"，使引言的结尾与后面结果部分的口径严格一致。同时，通过对该研究领域背景的阐述，自然引出本论文研究的课题——科学问题或需要解决的关键技术。

（2）言简意赅，突出重点

一方面，引言中要写的内容较多，而期刊需要刊登的论文很多，能提供的版面和篇幅有限；另一方面，在现代科技飞速发展和生活快节奏的时代背景下，人们没有更多的时间来阅读你的这篇论文。这就需要作者根据研究课题的具体情况确定阐述重点，避免那些毫无意义的空洞文字和句子，节省读者的时间。

（3）引用文献，形成论据

阐述研究背景时，要引用参考文献，并加以标注，以形成论据链。如实评述已有的研究成果，防止吹嘘自己或贬低别人，当你引用某一篇参考文献时，表明你认同该文献的成果或结论，除非你是负面引用（作为批判的靶子）。而且你要清楚地知道你所指的特定研究领域中，其他研究者已经做了哪些工作，哪些工作还没有并需要去做，也就是说，你的研究将填补这个空白，说明你的研究工作的合理性和重要性。

（4）尊重科学，不落俗套

科技论文的最重要特点是科学性，表现为论文内容的真实性、表述的准确性、结构的合理性。因此，引言写作要实事求是，尊重科学，整篇论文的写作均应如此。

另外，在引言写作中，要避免那些过分谦虚俗套的话。有的作者在论文的引言部分对自己的研究工作或能力表现出了"谦虚"的态度，如"限于时间和水平"或"由于经费有限，时间仓促""不足或错误之处在所难免，敬请读者批评指正"等。这些话不但不会提升论文的评价，而且还会给论文减分，毫无益处。

（三）引言写作举例

引言要通过叙述该领域研究的历史发展和进展，交代研究背景，说明所论述问题的来龙去脉。因此，写作前要阅读大量的文献资料，充分掌握相关领域的重要研究成果和进展，并在论文中加以引用。需要特别注意的是，引用文献资料要按照科学技术发展的内在规律，从本质上把前人和他人的研究成果有机地串联起来，要有转折，要能承接词句。

有的作者虽然阅读了不少文献，但是对文献的理解不深入、不透彻，引言里都是谁谁等研究了什么，或者哪年谁研究了什么，看起来很死板，缺乏主线和内在联系。

下面我们来分析2篇论文的引言。之所以选择这2篇蚕学研究论文作为例子，只为方便解释，与论文水平高低无关。一方面，蚕学既涉及动物——家蚕，一种鳞翅目重要的模式昆虫，又涉及植物——桑树；另一方面，笔者对蚕学领域比较熟悉。

例2.1：朱娟，谢雨辰，陈艳荣，等.家蚕滞育关联山梨醇脱氢酶基因的启动子活性分析.昆虫学报，2018，61（4）：391-397.

> 滞育是由基因调控的、比休眠更深的一种新陈代谢受抑制的生理阶段，可以使昆虫度过不良环境，也可以调节个体发育，使整个群体发育整齐，以利于雌雄个体间的交配，从而保证物种的繁衍（Denlinger，1986，2002）。对昆虫滞育机制的研究将有利于经济昆虫的开发利用和农林害虫的防治。家蚕*Bombyx mori*是典型的以卵滞育的昆虫，可作为研究滞育机理的模式生物，因此家蚕滞育一直受到国内外学者的关注。 〕 **本课题的属性范围**

> 家蚕卵的滞育由母体咽下神经节分泌并作用于蛹期卵巢的滞育激素调控，滞育开始于蚕卵中胚层分裂完成时（Nakagaki et al.，1991）。随着滞育的开始，蚕卵中储存的糖原转化为山梨醇和甘油，它们可能作为防冻剂来保护细胞的结构和基本

功能。大量的山梨醇也可能用来抑制胚胎细胞的发育（Takahashi et al.，1971）。而当滞育卵经过5℃低温长期（30d以上）冷藏，或短期冷藏并浸酸处理，可以打破滞育，山梨醇又转化成糖原，为细胞的发育提供营养。可见，山梨醇的含量与滞育的发动、持续和解除具有密切的平行关系（Niimi and Yaginuma，1992；Niimi et al.，1993a，1993b），山梨醇脱氢酶（sorbitol dehydrogenase，SDH）是调节催化山梨醇代谢的关键酶，因此对家蚕*BmSDH*的研究将帮助我们进一步理解滞育的分子机制。

> 他人相关研究成果与本课题研究的意义

家蚕有3个*BmSDH*基因，即*BmSDH*-1、*BmSDH*-2a和*BmSDH*-2b，均为单拷贝，分别位于第21号染色体的不同位点（Rubio et al.，2011）。前期我们用半定量PCR的方法分析了*BmSDH*表达的时空特异性（朱娟等，2014）。本研究以家蚕二化性品种"秋丰"为材料，分析了*BmSDH*基因的转录起始位点及其启动子的特性，为进一步研究*BmSDH*的转录调控奠定了基础，也为阐释家蚕滞育分子机制积累了实验依据。

> 研究方法、主要结果和意义

例2.2：黄静怡，沈广胜，朱娟，等.家蚕bmo-miR-3385-3p抑制丝素轻链基因*BmFib-L*的表达.蚕业科学，2020，46（6）：706-715.

非编码RNA是由基因组转录而成的不编码蛋白质的RNA分子。最近的研究表明，真核生物基因组中约90%的基因是转录基因，但其中只有1%～2%编码蛋白质，大多数转录为ncRNA（microRNA、piRNA、siRNA、lncRNA等）。microRNA（miRNA）是真核细胞中在进化上相对保守的、长度通常为21～22个核苷酸的一种非编码单链小RNA分子，它由转录产物经剪切后生成[2]。miRNA的研究证明了其

> 课题的属性范围

在基因表达调控以及表观遗传学调控中发挥了重要作用[3]。miRNA是继siRNA后新的研究热点，它可以特异性结合靶基因，降解靶基因或抑制其翻译，从而对基因进行表达调控[4]。miRNA参与调控许多生物学功能，例如影响转录水平后基因的表达、细胞周期和个体发育等[5]。miRNA与靶基因存在一对多、多对一的调控方式，协同调控组织细胞中基因的表达[6]。

家蚕（*Bombyx mori*）属于鳞翅目昆虫模式生物，具有强大的分泌蚕丝能力。蚕丝基因主要包括3个丝素基因和3个丝胶基因。丝素在后部丝腺合成，是蚕丝蛋白的主体部分，占有70%～80%。丝素是由重链（heavy chain）、轻链（light chain）和P25以6∶6∶1摩尔比组成[7]。研究表明，这些基因虽然结构各不相同，但是基因的5'侧翼区具有高度的相似性，可能存在相同的表达调控机制[8]。家蚕蚕丝蛋白基因在表达中有组织和发育时期的特异性，是多种调控因子和顺式元件共同作用的结果[9]，因而在如此复杂的调控模式下，蚕丝蛋白精确的调控机制需要更深入的研究。在家蚕后部丝腺中，*BmFib-L*高效表达并且具有强大的启动能力，研究表明，*fib-L*启动子可以驱动*DsRed*报告基因在BmN细胞和家蚕后部丝腺组织中的瞬时表达[10]。在家蚕的整个发育阶段，都证明存在大量miRNA[11-12]，表明家蚕miRNA对家蚕生长发育起到重要的调控作用。其中，与产丝量有关的miRNA的研究吸引了更多学者的关注，取得了重要进展，例如bmo-miR-2739上调*BmFib-H*的表达[13]，bmo-miR-0047对丝胶蛋白基因*BmSer-1*的表达具有负调控作用[14]。尽管前人在bmo-miR调控蚕丝蛋白表达研究上有很大的进展，但由于蚕丝蛋白表达调控是一个复杂的网络，而且先前的研究多数为发

他人相关研究成果与本课题研究的意义

现和鉴定miRNA或在细胞水平验证其功能，因此还
需要加强miRNA在个体水平上对*BmFib-L*调控作用的
研究，来完善miRNA对蚕丝蛋白的复杂调控网络。

我们通过生物信息学方法，从中找到了可能
对丝素轻链基因*BmFib-L*具有调控作用的bmo-miR-
3385-3p，通过构建表达载体pcDNA3.0 [*ie*1-*egfp*-miR-
3385-3p-SV40]和pGL3.0[*A3*-*luc*-*Fib-L*-3'UTR-SV40]，
人工合成miR-3385-3p模拟物和抑制物，在BmN细
胞、离体培养丝腺和个体水平上证实了miR-3385-3p
抑制*BmFib-L*的表达，研究结果为阐明蚕丝蛋白表达
调控分子机制提供了新的实验数据。

研究方法、主要结果
和意义

二、材料与方法

前面我们讲到，实验研究型论文应在我们得到一组实验结果后，才能进行
论文写作。我们根据实验结果，确定论文的主题，再根据主题，选择和组织实
验结果。确定该篇论文所用的实验结果以后，我们就可以按照取得这些结果所
用的实验材料与研究方法进行"材料与方法"的写作。因此，材料与方法的写作
相对比较简单。

实验前我们都会制订实验技术方案或计划，其中应该明确：使用什么实验
材料，如何进行样品处理，设置几个实验处理组，以什么为对照，使用什么仪
器或设备、试剂或试剂盒，如何测定或分析样品，如何矫正、分析实验数据等。
因此，如果我们在每次实验过程中，都能及时记载所用实验材料的来源、样品
处置方法与过程，仪器设备的型号、制造商，试剂的名称、规格、生产商/供应
商，实验方法、操作步骤，以及数据处理和分析软件等，那么这部分的写作就
不会有什么困难了。

假如你在进行数据分析或论文写作时，才发现实验时没有及时记载有关内
容，则应翻看实验记录本、试剂（盒）或购买单据等，到实验室查看当时使用的
仪器设备规格、型号等，进行补记，但是切不可凭空杜撰。

（一）材料、试剂与仪器

这部分主要是对实验材料，试剂（盒）的来源、性质和数量，材料的选取和制备或预处理，以及使用的主要仪器设备等事项的阐述。一旦论文选用的结果确定下来，那么获得这些结果的材料与方法也就确定了。

1.材料

实验材料即实验研究的对象，这部分我们要告诉读者实验所使用的材料是什么、材料的数量是多少、这些材料是如何获得或制备的、质量如何控制等。

不论是基础科学研究，还是技术研发，科研实验都要设置对照，这是科学研究的基本要求，因此，在"材料"中需要交代实验的"对照"。

2.试剂

实验使用的主要试剂或试剂盒，应说明其名称、纯度级别及生产者或供应者。那些对实验结果有重要影响的试剂一定要写，而实验室常用的化学试剂，则可以笼统地加以说明，如"其他试剂均为分析纯，为某某公司产品"。

3.仪器

描述主要的仪器设备名称、型号及其生产者。常用的简单仪器，如酒精灯、移液器、培养箱、超净台、冰箱等，通常可以忽略。

实验仪器设备书写格式：仪器设备型号+名称（生产商）。如：LuminoMeter 20/20 荧光光度计（Promega）、Olympus IX51 荧光倒置显微镜（Olympus）。

（二）研究方法

每篇论文的研究内容不同，研究方法也千差万别。有的是基础科学研究，有的是技术研发、新产品研制等。同样是技术研发，有的是采用先进技术或软件构建新模型，有的是优化工艺参数建立新工艺，有的是应用新工艺开发新产品等，但是无论你做哪个方面的研发，都应向读者解释建模参数、工艺设计、产品性能，以及模型如何验证或产品特性如何表征等。总的原则是，研究方法必须与研究结果相对应，有结果就必须有对应的方法。

这里我们仍然利用例 2.2 的文章，介绍材料与方法的写作。

1. 材料与方法

1.1 材料、试剂与仪器

实验家蚕品系P50，由中国农业科学院蚕业研究所保存。幼虫在25℃、相对湿度80%的条件下，室内新鲜桑叶饲养。 ⟩ 研究对象、来源

家蚕卵巢细胞BmN、质粒pRL-CMV、表达载体pcDNA3.0[*ie1-egfp*-SV40]、*BmFib-L* 3'UTR表达载体pGL3.0[*A3-luc*-SV40]，均由本实验室构建并保存。引物合成与DNA测序由浙江尚亚生物技术有限公司完成；总RNA提取试剂盒、反转录试剂盒购自TaKaRa公司；胶回收及抽提质粒试剂盒购自生工生物工程(上海)股份有限公司；bmo-miR-3385-3p的mimic、inhibitor均由广州锐博生物公司合成；双荧光素酶试剂盒购自Promega；转染试剂Entranster™-H4000购自英格恩生物公司；萤光定量试剂盒UltraSYB Mixture、miRNA cDNA Synthesis kit是康为世纪生物科技有限公司的产品。 ⟩ 细胞、质粒、菌株和试剂及来源

T100梯度PCR仪由伯乐生命医学产品（上海）有限公司生产；HE-120多功能水平电泳槽由上海天能科技有限公司生产；20/20 Luminometer荧光素酶检测仪为Promega公司产品；LightCycler® 96荧光定量PCR仪由Roche公司生产。 ⟩ 仪器设备型号、名称和生产者

1.2 调控*BmFib-L*表达的候选miRNA的生物信息学预测

从NCBI（https://www.ncbi.nlm.nih.gov/）家蚕数据库中查找*BmFib-L*的mRNA全长序列（登录号：NM_001044023），除去polyA序列，获得它们的3'UTR序列，在miRBase数据库（http://www.mirbase.org/）中获取登录的家蚕全部成熟miRNA序列，利用RNAhybrid软件（http://bibiserv.cebitec.unibielefeld.de/ ⟩ 数据来源与生物信息学分析方法（对应结果 2.1）

rnahybrid/），参照成熟体miRNA种子序列第2～8个碱基完全互补配对、折叠自由能<−83.6KJ/mol等条件对两者进行靶位点在线预测[15]，筛选获得1个对*Bm-Fib-L*具有潜在调控作用的候选bmo-miR-3385-3p。

1.3 家蚕5龄幼虫各个组织总RNA的提取

解剖获取5龄1～7天后部丝腺以及5龄3天幼虫的前部丝腺、中部丝腺、后部丝腺、表皮、气管、脂肪体、精巢、头、马氏管、中肠、卵巢以及血淋巴细胞共12个组织。按RNAiso试剂盒所述方法分别提取相应组织的总RNA，−80℃冷藏备用。

> 总RNA提取方法
> （对应结果2.2）

1.4 bmo-miR-3385-3p的PCR鉴定和表达特性分析

根据miRNA的特性，设计bmo-miR-3385-3p成熟体特异的PCR引物。上游引物是成熟体miRNA去掉3′端的6个碱基后的全部序列，并在前面加上5个保护碱基，下游引物是通用引物[16]（表1，略）。以上

> miR-3385-3p鉴定
> （对应结果2.2）

述5龄3天后部丝腺的总RNA为模板，反转录后获得cDNA，用此cDNA为模板进行PCR。产物以DL500 DNA Marker为参照，经电泳检测后切胶回收长度在60～80bp区间的DNA片段，并连接到pMD19-T载体上，转化TOP10感受态细胞，摇菌后取100μL涂板，倒置放入37℃培养箱，过夜培养12～16h。挑取单菌落，接种至LB培养基培养，12h后提取浑浊菌液的质粒DNA，酶切鉴定正确后送至尚亚生物公司测序。分别以提取家蚕5龄幼虫期第1～7天后部丝腺总RNA和家蚕幼虫5龄第3天的12种组织的总RNA为模板进行反转录，再以反转录后的cDNA为模板，bmo-miR-3385-3p、*BmFib-L*的引物进行荧光定量PCR，以A3为内参分析bmo-miR-3385-3p和BmFib-L在5龄第1～7天的表达特性。

> 逆转录方法
> （对应结果2.2）

1.5 bmo-miR-3385-3p及其靶基因*BmFib-L* 3'UTR重组表达载体的构建

从NCBI数据库中获取miR-3385-3p前体序列pre-miR-3385-3p及其上下游延伸各100bp的目的片段，上下游引物在NCBI中的设计见表1（略）。按照与"1.4"相同的实验步骤，进行PCR扩增、产物的连接与转化、涂板挑菌、测序验证。将测序正确的前体序列连接到T载转化涂板，挑菌至LB培养基中摇12～16h，浑浊后提取质粒DNA，对其和质粒pcDNA3.0(*ie*1-*egfp*-SV40)用限制性内切酶*BamH* I和*Hind* Ⅲ进行双酶切，分别将其目的片段回收后连接，对构成的重组表达载体pcDNA3.0(*ie*1-*egfp*-pre-miR-3385-3p-SV40)双酶切鉴定，鉴定正确后的载体放入−20℃保存备用。

同样用NCBI Primer BLAST软件设计*BmFib-L* 3'UTR上下游引物（表1，略），用限制性内切酶*Xba* I和*Fse* I对靶基因*BmFib-L* 3'UTR以及表达载体pGL3.0[*A3-luc*-SV40]进行双酶切，按照上述方法构建重组表达载体pGL3.0[*A3-luc-BmFib-L*-3'UTR-SV40]，方法步骤同上。

> miR-3385-3p表达载体构建方法（对应结果2.3、2.4）

1.6 细胞水平验证bmo-miR-3385-3p对*BmFib*-L的调控作用

提前1d将BmN细胞铺板，将状态良好的细胞移入12孔板中，使其贴壁生长，每孔细胞密度为60%左右。用Entranster™-H4000转染试剂在12孔板中转染pcDNA3.0(*ie*1-*egfp*-pre-miR-3385-3p-SV40)，以不转染的BmN细胞为空白对照，48h后收集细胞并提取细胞总RNA，对转染后细胞中bmomiR-3385-3p的表达进行定量。确认载体成功表达后对pcDNA3.0(*ie*1-*egfp*-pre-miR-3385-3p-SV40)、pGL3.0（*A3-luc*-

> 细胞水平验证miR-3385-3p对靶基因调控的方法（对应结果2.4）

BmFib-L-3'UTR-SV40)以及内参质粒pRL-CMV进行共转染，按照转染说明书每孔转染质粒DNA共1.6ng，3种质粒按照4：4：2质量比混合。以共转染pGL3.0(*A3-luc-BmFib-L*-3'UTR-SV40)和pcDNA3.0(*ie*1-*egfp*-SV40)、pRL-CMV的BmN细胞作为对照组。

为了消除内源bmo-miR-3385-3p对*BmFib-L*表达的影响，进一步验证调控的作用，合成bmo-miR-3385-3p的mimic、inhibitor进行过表达和抑制性表达，将两者分别稀释至100nmol/L和200nmol/L。按每孔10μL与0.64ngpGL3.0(*A3-luc-BmFib-L*-3'UTR-SV40)以及0.32ng内参质粒pRL-CMV共转染BmN细胞。以共转染pcDNA3.0(*ie*1-*egfp*-SV40)、pGL3.0(*A3-luc-BmFib-L*-3'UTR-SV40)、pRLCMV和pcDNA3.0(*ie*1-*egfp*-pre-miR-3385-3p-SV40)、pGL3.0(*A3-luc-BmFib-L*-3'UTR-SV40)、pRL-CMV的细胞为对照。每种处理重复3次，共进行3次独立实验。

转染48h后，在显微镜下观察荧光细胞的比率来评估转染效率。细胞按照荧光素酶试剂盒说明书收集处理，用荧光光度计检测各个处理组中萤火虫荧光素酶和海肾萤光素酶的活性，以萤火虫荧光素酶活性值/海参萤光素酶的活性值，计算相对活性，分析bmo-miR-3385-3p及其mimic和inhibitor对靶基因*BmFib-L*表达的调控作用。

> 细胞水平验证模拟物对靶基因调控的方法（对应结果 2.4）

1.7 *BmFib-L* 3'UTR上预测的bmo-miR-3385-3p靶位点的突变

为了进一步验证*BmFib-L* 3'UTR上预测靶位点的正确性，对靶位点进行突变设计，委托上海生工生物工程公司合成突变序列；构建靶位点突变型重组表达载体pGL3.0（*A3-luc*-mu-*BmFib-L*-3'UTR-SV40），在BmN细胞中验证miR-3385-3p对靶位点突变后的 *BmFib-L* 靶基因的调控作用。

miR-3385-3p 靶位点突变及突变后的调控作用验证（对应结果2.5）

1.8　组织水平验证bmo-miR-3385-3p对*BmFib-L*的调控作用

为了验证bmo-miR-3385-3p在组织水平上对*BmFib-L*表达的调控作用，解剖5龄第2天幼虫，为了维持原有的结构和功能，收集家蚕整条丝腺组织，经酒精消毒后再用PBS漂洗，按照与细胞转染相同的转染过程和转染剂量，每孔2条丝腺放入12孔板中，并加入1mLTC-100培养基[17]。设置转染表达载体pcDNA3.0(*ie1-egfp*-pre-miR-3385-3p-SV40)、mimic、inhibitor3种处理，分别以pcDNA3.0(*ie1-egfp*-SV40)、mimic NC、inhibitor NC为对照组，每种处理3个重复。转染48h后收集每孔的丝腺组织，提取总RNA。设计特异性引物（表1，略），扩增*BmFib-L*基因，提取其质粒作为标准品，稀释不同浓度后进行荧光定量PCR，以质粒拷贝数对数为横坐标，C_q值为纵坐标生成标准曲线。将上述总RNA反转录合成cDNA作为模板，用绝对定量检测不同处理后*BmFib-L*基因的表达量，以每200ng RNA中基因的拷贝数表示。

组织水平验证miR-3385-3p对靶基因的调控作用（对应结果2.6）

1.9　个体水平验证bmo-miR-3385-3p对*BmFib-L*的调控作用

为了在体内进一步验证bmo-miR-3385-3p对*BmFib-L*表达的调控作用，在5龄第2天幼虫体腔中注射用转染试剂孵育的表达载体pcDNA3.0(*ie1-egfp*-pre-miR-3385-3p-SV40)、mimic、inhibitor，分别以注射pcDNA3.0(*ie1-egfp*-SV40)、mimic NC、inhibitor NC为对照组，每种处理注射4条幼虫。注射完的家蚕正常饲养48h后，以2条家蚕为1组解剖获取后部丝腺，

个体水平验证miR-3385-3p对靶基因的调控作用（对应结果2.7）

提取不同处理组的总RNA，运用荧光定量PCR分析
bmo-miR-3385-3p 对靶基因 *BmFib-L* 的调控作用。

1.10 数据统计与分析

　　所有实验均进行3次独立试验，3次技术重复。
基因序列比对运用DNAMAN软件。数据差异显著性
运用SPSS 17.0软件分析。

数据统计与分析（对应结果 2.3 ～ 2.7）

三、结果与分析

（一）格式

　　不同的科技期刊，对结果部分的格式要求不尽相同。我们在写作前，要详细阅读目标期刊对结果部分的格式要求。

　　有的期刊直接称之为"结果"，如《昆虫学报》；有的称之为"结果与分析"，如《蚕业科学》《浙江大学学报（农业与生命科学版）》。这两种格式，均采用"结果"与"讨论"分离的方式写作，紧跟其后的是"讨论"，或者"讨论与结论"，或者"结论"。

　　有的期刊将"结果"与"讨论"合并，称为"结果与讨论"，此时后面应有"结论"段，有的期刊虽然是"结果与分析"的格式，但是紧跟其后的不是"讨论"，而是"结论"。

（二）内容

　　"结果与分析"部分是论文的核心所在，这部分应详细给出实验结果，分析在实验中所得到的各种现象，对实验所得结果进行定性或定量分析，并说明其必然性。但是，一般情况下不引入前人或他人的研究结果，也不进行讨论。

　　当期刊规定格式为"结果与讨论"时，就需要在对自己的研究结果进行分析的同时，引用他人的研究成果（参考文献）加以比较，并适当展开讨论。

（三）写作要点

　　初次写作科技论文的人，会觉得这部分的写作没有问题。他们会简单地把

自己所有的实验结果罗列出来，几个实验结果之间、结果与引言及材料与方法之间缺乏必要的关联；或者对实验结果不加任何分析或解释，有一种"让读者自己去理解"的心态。也有的人，喜欢在结果部分引入他人的研究成果，却又不注明所引成果的出处即参考文献，引来"剽窃"之嫌。

结果部分写作需要注意以下几点。

1.各段要有承上启下的桥句

桥句是指连接上下段落之间的过渡性句子，以帮助读者理解论文的内容。桥句的内容可以是研究目的或所针对的主要问题，也可以是对研究结果的预期，或者重申研究方法部分的内容。桥句可以加强结果与引言、研究方法之间的联系。如果没有桥句，我们阅读论文时会感到突兀，有时可能需要到前面去查找相关研究背景、目的和必要性。

2.用恰当的形式表示具体的研究结果

根据不同的实验结果选择恰当的表达形式，目的是更好地展示结果的内容，达到清楚、直观、准确的效果。例如我们可以选择软件制作的图片、拍摄的照片，以及表格、公式或模型等来展示实验结果。

表格一般用三线表，通常只有 3 条线，即顶线、底线和栏目线，没有竖线。但是，三线表并非一定是 3 条线，必要时可加辅助线。

3.图片、表格和模型要有解释和验证

当我们用图片、表格等表示研究结果时，一方面，我们要确保图片、表格的自明性，即图片要给出完整的名称和必要的注释、表格要给出表名及各项数据的含义，达到不看正文只看图片或表格就能基本明白它们所展示的内容。另一方面，正文中还需要对图表的内容加以说明，使读者更加容易明白。但是，对于表格中的数据，正文中不需要一一解释，而应选择最重要的若干数据加以阐释。

对于建立的模型，则应进行必要的解释，包括模型中各字母、数字的含义，以及模型运行对环境条件的要求，并采用建模以外的数据对模型加以验证，以证实模型的可行性和适用性。

4.给出研究结果的主观看法

主观的看法和解释与实验结果一样重要。客观的科学研究并不排斥表达主观看法，相反，一篇科技论文应该是客观性与主观性的完美结合。因此，在展示研究结果的同时，我们有必要对研究结果表达自己的主观看法，但是，这种主观看法必须以事实为依据，切忌夸大、自吹。

5.适当指出自己研究结果中存在的问题

每篇论文的研究内容和研究深度都受到一定的限制，不可能达到完美的程度，适当陈述那些不影响研究结果可信度的小问题，反而有助于提高审稿人和读者对本研究结果的可信度。但是，不能有根本性的问题，否则论文的立足点就可能有问题。

下面我们仍用例 2.2 中的文章介绍结果部分的写作。

2. 结果与分析

2.1 生物信息学预测结果

在NCBI数据库和miRBase数据库中分别下载 *BmFib-L* 3'UTR和miRNAs，利用软件RNAhybrid 预测两者的结合位点，筛选出两者匹配度较高并且最小自由能为−103.7kJ/mol的bmo-miR-3385-3p （图1，略），作为后续实验的研究对象。

> 生物信息预测结果（呼应 1.2）

2.2 bmo-miR-3385-3p的PCR鉴定和表达特征

提取5龄第3天幼虫后部丝腺的总RNA，用 miRNA特异性引物对反转录后的cDNA进行PCR扩增，目的片段约65bp。测序结果与NCBI数据库中的序列一致，表明获得的bmo-miR-3385-3p正确，引物可用于后续定量实验。利用萤光定量PCR对幼虫5龄第1～7天后部丝腺中miR-3385-3p、*BmFib-L*表达量及其在5龄第3天各组织中的表达量进行分析，结果显示，miR-3385-3p在5龄第1～5天呈上升趋势，在5龄第5天时表达量最高，此后呈下降趋势，

> 桥句：重申方法

*BmFib-L*在5龄第1～4天呈上升趋势，在5龄第5天时
有所下降，此后快速增长(图2A，略)；miR-3385-3p
在5龄第3天的后部丝腺中表达最高，在中部丝腺和
头部次之，在其他组织中也有一定的表达量(图2B，
略)。据此推测，bmo-miR-3385-3p不仅在后部丝腺对
*BmFib-L*存在调控作用，对其他靶基因可能也具有调
控功能。

> miR的鉴定和表达
> 特征分析结果
> （呼应1.3、1.4）

2.3 Bmo-miR-3385-3p和BmFib-L 3'UTR表达载体构建结果

　　分别扩增miR-3385-3p的前体pre-miR-3385-3p序
列和*BmFib-L* 3'UTR序列，序列经测序验证正确；
分别构建完成表达载体pcDNA3.0[*ie1-egfp*-pre-miR-
3385-3p-SV40]和pGL3.0[*A3-luc-BmFib-L*-3'UTR-
SV40]（图3A，略），重组质粒酶切鉴定显示大小正
确（图3B，略），表明载体可用于后续实验。

> 表达载体构建
> （呼应1.5）

2.4 BmN细胞中bmo-miR-3385-3p抑制BmFib-L的表达

　　将上述构建好的载体共转染BmN细胞，转染48h
后观察转染效率。图4A（略）较多细胞呈现绿色荧
光，显示重组载体转染成功并且效率较高。提取细
胞总RNA，定量结果显示转pcDNA3.0(*ie1-egfp*-pre-
miR-3385-3p-SV40)载体后，细胞中miR-3385-3p表
达明显上升(图4B，略)，表明载体在细胞中表达。对
处理组进行双荧光素酶活性检测，结果表明与对照
组相比，实验组的双荧光素酶活性显著降低，降低
了约2.5倍(图4C，略)。

—— 桥句：重申方法

　　将处理组bmo-miR-3385-3p的mimic和inhibitor
及其分别对照组，组1至组4分别共转染BmN细胞，
同样48h后收集细胞，检测双荧光素酶活性。结果显
示，mimic组组2的荧光素酶表达量与阳性对照组组1
相比显著降低，降低了2.6倍。而加了inhibitor的处理

> miR对靶基因调控作用
> 的细胞水平验证结果
> （呼应1.6）

组组4与对照组组3相比表达显著上升(图4D,略),上升了1.6倍。结果表明,在BmN细胞中,Bmo-miR-3385-3p能够显著抑制*BmFib-L*的表达,且其mimic和inhibitor具有生物活性,可在后续离体丝腺组织培养以及个体注射中使用。

2.5 *BmFib-L* 3'UTR 上bmo-miR-3385-3p靶位点的突变

将miR-3385-3p和*BmFib-L* 3'UTR预测的结合序列中种子序列第4～8个碱基AACAG突变为CCACA,构建靶位点突变的靶基因表达载体,用不同处理组分别转染BmN细胞,48h后收集细胞,双萤光素酶报告检测显示,miR-3385-3p对靶位点突变后的基因表达没有抑制作用(图5,略),抑制可通过靶位点的突变得到恢复,表明预测的*BmFib-L* 3'UTR上bmo-miR-3385-3p的靶位点正确。

（靶位点突变验证结果（呼应1.7））

2.6 离体丝腺组织中bmo-miR-3385-3p抑制*BmFib-L*的表达

将5龄第2天家蚕的整条丝腺组织进行体外培养,将3个实验组和对应的3个对照组在转染48h后提取总RNA,反转录后进行荧光定量分析。

（桥句:重申方法）

结果如图6所示（略）,处理组pcDNA3.0[*ie1-egfp*-pre-miR-3385-3p-SV40]中拷贝数比对照组pcDNA3.0[*ie1-egfp*-SV40]有所减少;模拟物mimic与mimic NC相比,拷贝数也显著降低;而抑制物inhibitor与inhibitor NC相比,拷贝数显著增加。表明miR-3385-3p能够抑制*BmFib-L*基因的表达。

（miR调控作用的组织水平验证结果（呼应1.8））

2.7 家蚕体内bmo-miR-3385-3p抑制*BmFib-L*的表达

将同样的处理组与对照组注射5龄第2天家蚕体腔,48h后提取总RNA,对*BmFib-L*基因进行定量。

（桥句:重申方法）

结果见图7（略），pcDNA3.0[*ie*1-*egfp*-pre-miR-3385-3p-SV40]和mimic表达量相比对照组pcDNA3.0[*ie*1-*egfp*-SV40]和mimic NC降低；而注射了inhiobitor的处理组表达量则比inhibitor NC有所升高。在组织与个体中检测结果的趋势基本相同，呈现抑制性。因此，进一步证明了bmo-miR-3385-3p对靶基因*Bm-Fib-L*具有抑制表达的作用。

miR对靶基因调控作用的个体水平验证结果
（呼应1.9）

（四）结果与分析部分写作的总体要求

1.段落排列要符合逻辑顺序

不同的论文，其"结果与分析"的内容不同，应有其各自合理的结构，做到层次分明、条理清楚、符合逻辑。对于不同的技术问题，阐明或论证的方法可能不同，应灵活处理，采取合适的顺序和结构层次，组织段落，安排材料。

2.中心突出、结构严谨

在说明、描写、记叙和论证时，一节或一个段落只能有一个中心，并应互相连贯、前后衔接，全文主题明确、中心突出，脉络清晰、层次分明，过渡自然，结构严谨。

3.详略得当、避免重复

不要用文字重复从图或表中得出的所有结果，只要写出最重要的发现即可，尤其是将构成讨论部分的内容重点关注的那些数据和结果。

4.格式符合目标期刊要求

结果部分，有时是与讨论部分分开的，有时是合在一起的。要查看目标期刊作者须知，并从目标期刊选几篇类似的论文阅读。

如果结果与讨论是分离的，通常在结果部分不作任何评述，不与他人研究结果相比较，也没有建议性的解释说明。但是，这并不是绝对的，有时也可以包含与他人研究的比较，得出与结果某一要素相关的要点，这一部分内容可以不再在讨论部分详细阐述了。

四、讨论与结论

讨论是科技论文最难写的部分，尤其对那些没有论文写作经验的人而言。有人会说，可以模仿参考文献的方式来写作。但是，每个人的知识结构、专业背景、思维习惯和文化背景等存在差异，对研究结果的理解也不同，同一组研究结果由不同的作者写的"讨论"可能五花八门。以下我们来介绍一下讨论的写作。

（一）讨论的内容

在引言中我们综述了研究现状，分析了存在的问题，提出了研究主题——科学问题，并以此为基础选择了恰当的研究结果构成论文的第三部分"结果"。在材料与方法中，选择与结果对应的各项研究内容和采用的材料、试剂、设备与方法。在结果部分，我们客观、准确、简洁地介绍了实验结果，解释了实验结果产生的原因和对研究结果水平高低、好坏的主观看法。至此，还有以下一些问题没有回答：

（1）研究结果是否已经回答了引言中提出的科学问题、科学假设或解决了技术问题？

（2）如果答案为"是"，那么回答或解决的程度有多大？没有完全回答科学问题的原因是什么？

（3）研究结果在整个研究领域中处于什么水平，与已有研究成果有什么不同，你的研究有何创新性？

（4）研究结果对所属领域及其他领域有何理论意义和应用价值？

上述就是论文的讨论中需要回答的问题，或者说讨论需要包含的内容。

下面我们仍以例2.2中的文章为例，介绍如何写作论文的讨论部分。

3. 讨论

先前家蚕miRNAs的研究主要是发现和鉴定miRNAs，以及在细胞水平证明miRNAs的调控功能[18-20]。然而体外实验不能完全反映体内的情况。最近，本实验室建立了家蚕丝腺离体培养瞬时表达[17]和个体水平研究家蚕miRNA功能的技术平台[21]。而且研究表明，在BmN细胞中，当以*BmFib-L* 3'UTR为靶标时，bmo-miR-2805显著抑制靶基因的表达，但是在离体培养的丝腺组织和5龄幼虫中，bmo-miR-2805通过上调*BmAwh*和*Bmdimm*这两个丝腺特异性转录因子的表达，从而显著促进*BmFib-L*的表达[15]。因此，个体水平研究bmo-miRNA的功能十分必要。

阐述本研究的必要
性和先进性

本实验通过RNAhybrid在线预测到一个在*Bm-Fib-L* 3'UTR上有潜在靶位点的bmo-miR-3385-3p，分析了其和*BmFib-L*在家蚕5龄1～7天的表达水平，其中*BmFib-L*在5龄第5天时表达量为5龄第3天时表达量的2倍，与前人文献中所述相符[23]。在细胞、离体培养的丝腺组织和个体水平上证实了bmo-miR-3385-3p显著抑制*BmFib-L*基因的表达，通过设计靶位点突变试验验证了*BmFib-L* 3'UTR为bmo-miR-3385-3p的靶位点，为完善蚕丝蛋白基因表达调控网络提供了新的实验数据。

证实引言中的预测；
得出明确结论；说明
研究结果的意义

由于miRNA可以对应多个靶标，因此miRNA簇可以通过调控不同的靶标而影响许多细胞功能。例如，人体中miR-17-92簇的功能不仅涉及肿瘤形成，而且涉及心脏、肺和免疫系统的正常发育[24-26]。bmo-miR-3385-3p在家蚕后部丝腺中表达量最高，表明有对靶基因*BmFib-L*存在调控作用的时空条件。但其在头部和脂肪体中表达量相对也较高，由此推测在家蚕头部可能存在miR-3385-3p的靶基因，涉及家蚕生长发育中的其他功能。

miR-3385-3p在丝腺以
外组织头部和脂肪体
中高表达的可能原因

通常认为在转录水平上，miRNAs通过与靶基因mRNA的3'UTR结合，从而抑制其表达[27]。在家蚕后部丝腺中过表达*Ras1*^{CA}，可以增加核内复制，使细胞体积增大，从而促进后部丝腺生长，增强蚕丝蛋白的合成[28]。进一步研究表明，$Ras1^{CA}$是在转录水平上，通过调控细胞周期通路来促进合成蚕丝蛋白[29]。那么miRNAs通常的负调控作用是否也与核内复制有关，影响细胞不断复制的状态，抑制细胞的持续分裂，从而达到整个平衡状态则需要进一步研究。〔研究结果与他人研究结果的比较〕

但也有研究表明有些家蚕miRNA增强蚕丝蛋白基因的表达，如上面说到的bmo-miR-2805上调丝素轻链基因*BmFib-L*的表达。SGF1也是一种转录调控因子，上游信号通路PI3K/AKT/ TORC1通过影响SGF1的表达水平，进而调控丝素蛋白的合成[30]。因此，在复杂的蚕丝蛋白调控网络中，除了BmAwh、Bmdimm和SGF1等转录因子，可能还存在很多其他特异性转录因子，它们与miRNAs一起共同调控*Bm-Fib-L*，才能实现蚕丝蛋白的高效表达，这方面还需要更多的研究。〔阐述为何3385-3p负调控*BmFib-L*，以及本研究有待深入之处〕

（二）讨论写作的总体要求

1.围绕自己的研究结果进行讨论

要以自己的研究结果为核心进行讨论，围绕所讨论的主题组织材料。写作时要明白一点，在讨论中引用已有文献成果的唯一目的，是要证明自己结果的正确或有意义、有创新。常见错误写法如"本研究结果与某文献研究结果相符"，这是用自己的研究结果为别人做嫁衣裳。

2.讨论要得出明确的结论

在结束一项科研项目时一定要得出结论，科技论文写作也是如此，即使自己的研究结果没能在整体上优于他人已有的成果，也要证明其中某些方面优于他人。

结论来自两个方面，一是"结果"中的重要研究结论；二是讨论中得出的结论。"结果"中的结论是初级产品，讨论中阐述的结论才是最后的高级产品。如上述例 2.2 中，通过细胞水平、组织水平和个体水平的验证，最后得出明确的结论：bmo-miR-3385-3p 在体内和体外均显著抑制 *BmFib-L* 基因的表达。

3.准确描述研究主题的完成情况和研究结果的意义

研究主题的完成情况主要是通过对重要研究结果的分析或总结来体现的。通过引言对研究背景的阐述，我们明确了本领域研究历史、进展和存在的问题或不足，引出本研究的科学问题或提出本研究的科学假说。然后通过自己的研究，得到"结果"，这些结果全部或部分地解决了这个科学问题，或者验证了科学假说。在讨论中，通过将本研究的主要结果与他人的研究成果进行比较，明确自己的研究结果的先进性，得出本研究的结论，确认本研究对引言中提出的科学问题或假说的完成程度。这个结论必须恰如其分，避免夸大或过分谦虚。要做到这一点，就必须全面深入地了解研究背景和发展趋势等。

关于研究结果的意义，不同的作者有不同的表述习惯，同一个作者不同的研究论文也应有不同的表述。以下几种描述方式可供初学者写作时参考。

方式 1：本研究结果为……的研究奠定了……的基础。奠定基础的分量很重，要注意前面"为"的外延，以免夸大本研究的意义，引起审稿专家和读者的反感。

方式 2：本研究结果为阐明……的机制提供了新的实验数据。这一方式比较适合基础研究取得了一些小的进展、解决了某个科学问题或机制的一部分，很诚恳。

方式 3：本研究结果为……提供了理论依据。此方式同样适合基础研究，取得了一些理论上的研究进展，可以为解决某个应用技术问题提供理论指导。

方式 4：本研究结果在……领域有良好的应用前景。此方式较适合应用于技术研究中，建立或优化了某种工艺或技术，在某个确定的领域可以得到广泛的应用。

（三）结果与讨论合二为一的情形

如果目标期刊要求结果与讨论合在一起，没有单独的讨论，此时就要在分析自己的研究结果的同时，引入他人的研究成果进行比较。这时一定要标注引用的参考文献。同时，要在"结果"之后，单独给出"结论"段，适当描述本研究的结论。

结论又称结束语、结语。它是在理论分析和实验验证的基础上，通过严密的逻辑推理而得出的富有创造性、指导性、经验性的结果描述。它又以自身的条理性、明确性、客观性反映了论文研究成果的价值。结论不是研究结果的简单重复，而是对研究结果的更深入一步的认识，是从正文部分的全部内容出发，并涉及引言的部分内容，经过判断、归纳、推理等过程，将研究结果升华成新的总的观点。结论段的内容要点如下：

（1）本研究结果说明了什么问题，得出了什么规律性的东西，解决了什么理论或实际问题。（必须有）

（2）对前人有关本问题的看法做了哪些检验，哪些与本研究结果一致，哪些不一致，作者做了哪些修正、补充、发展或否定。（选择性）

（3）本研究的不足之处或遗留的有待今后深入研究的问题。（选择性）

如果本研究论文不能得出明确的结论，也可以没有结论，而只进行必要的讨论，此时一般应包含本研究的不足之处或遗留的有待深入研究的问题。

例2.3：论文"分子连锁分析探讨家蚕高抗BmNPV品系的抗性遗传基础［中国农业科学，2017，50（1）：195-204］"的结论部分如下。

通过对家蚕 BmNPV 抗性品系 99R 的抗性性状进行连锁分析，发现结果不具有重复性，同时对已公布的与抗性位点紧密连锁的分子标记AY380833，用抗性品系（99R和871C）与感性品系组配回交连锁分析群体进行连锁验证，发现其与两者的抗性性状均不连锁。综合本研究和前人的研究结果，对该性状的遗传基础进行了分析讨论，进一步说明了家蚕对BmNPV的抗性。不同品系其抗性遗传基础具有很大的差异性，同一品系可能具有多个控制抗性的位点。并且，笔者认为，家蚕对BmNPV抗性是一种复杂性状，在符合"质量数量性状"结论的同时，其数量性状特征很突出，在后续抗性基因鉴定及品系和品种培育研究中应给予足够的重视。基于此，本文提出了一些抗性位点定位方法的改进意见，以期能为后续准确地定位家蚕 BmNPV 抗性基因提供一定的参考及启发。

该论文"拟解决的关键问题"：通过分子连锁分析试验，并结合已有的研究分析探讨，以期进一步认识家蚕对 BmNPV 的抗性遗传基础，为最终定位抗性基因打下基础。但是，作者经过深入研究，发现家蚕对BmNPV抗性的连锁分析的结果不具有可重复性，因此该研究不能得出预期的明确结论。对此，作者在讨论中进行了分析，提出了今后研究的建议。

家蚕对BmNPV抗性受很多因素的影响，比如添毒时期和浓度、蚕的体质等，同时，其数量性状的特征也使得蚕体抗性水平受温湿度、桑叶质量等外界环境的影响较大，而由于所取材料的样本较小，加之不同批次攻毒取材相对来说是独立进行的，所以每次所取得的样本之间可能存在差异，导致目前连锁分析的结果不具有可重复性。这毫无疑问会给后续的精细定位及候选基因筛查带来困难，因此改进现有的研究方法，提高结果分析的准确性十分必要。基于上述家蚕对BmNPV抗性的遗传基础分析，笔者认为可从以下几方面进行改进：第一，由于抗性具有数量性状特征，所以可以考虑引入一些数量性状定位的研究方法。但由于抗性这一性状本身的特殊性，使得研究者不能精确测定分离群体中每个个体的抗性，因此常规的QTL定位方法并不适合家蚕对BmNPV抗性的研究，所以，选择性基因分型或基于极端个体的QTL定位方法可以作为较适合的参考方法。其原理与现有定位方法类似，只不过为了得到表型较准确的个体，需要加大攻毒的群体规模，同时选择更合适的攻毒浓度，例如在更低的病毒浓度下攻毒选取感性个体，或在更高的病毒浓度处理下选择抗性个体。第二，利用现有保存的大量家蚕品系进行关联分析。关联分析是目前数量性状定位中常用的方法，其优点是基于品系的关联分析不需要确定单个个体的表现值水平，而是评估每个品系的表现值水平[33]，这使得这种方法比较适合家蚕BmNPV抗性这一性状的定位分析，且这种方法具有定位精度高、能综合分析多个品系抗性位点的特性[34]。第三，将连锁分析与关联分析相结合的方法，即配制多亲本重组近交系，利用其进行连锁及关联分析。这种基于多亲本的重组近交系群体进行数量性状定位的方法，既规避了连锁分析与关联分析的一些不足，又集合了两者的诸多优点，是一种越来越受到研究人员关注的定位策略[35-36]。

（四）正文写作注意事项

正文写作中要特别注意以下两点。

（1）抓住基本观点。正文乃至整篇论文应以作者的基本观点为轴线，要用材料（事实或数据）说明这一观点，形成材料与观点的统一。对新发现的现象要详尽分析和阐述，对一般性的问题只做简明扼要的叙述，对那些与基本观点不相干的结果则不用写。

（2）注重科学性。科技论文特别强调科学性，要坚持实事求是的原则，不能弄虚作假，也不能粗心大意。数据的采集、记录、整理、表达等都不应出现技术性错误。叙述事实，介绍情况，分析、论证和讨论问题时，遣词造句要准确，力求避免含混不清、模棱两可、词不达意的情况。给出的公式、数据、图表以及文字、符号等要准确无误。

五、参考文献著录

（一）参考文献的作用

期刊论文都必须有一定数量的参考文献，这不仅是期刊的要求，更是科技论文写作的必要条件。如果不阅读和参考他人或前人的研究成果，我们就无从了解某领域研究的历史、进展和发展趋势，也无法确定自己的研究有何必要、有何意义。读者也无法了解哪些是此论文作者的成果、哪些是他人的成果。

参考文献主要有以下几方面的作用：

（1）为论文的陈述、分析和推理提供证据和支撑，使读者确信文章内容。

（2）表明作者对已有文献成果及其取得者的认可。

（3）分清成果的归属，哪些成果是作者自己取得的结果，哪些是引用他人的成果，避免剽窃嫌疑。

（4）为读者提供查阅原作的线索，便于读者更好地了解研究思路和论文相关领域的发展历程。

（二）参考文献的引用范围

1.范围

当今世界，科技迅猛发展，每天发表的论文数以千计，文献总量浩如烟海，那么我们如何选择引用的文献呢？一般可以从以下几个方面加以考虑：

（1）凡是论文中引用他人的文章、论点、图片、表格以及数据等，均应在引用处标注，并在参考文献列表中列出该参考文献及其出处。

（2）参考文献的来源，一般有期刊、会议论文汇编、技术报告、档案资料、学位论文、书籍、专利、标准等。教科书一般不作为参考文献。

（3）尽可能引用近3～5年发表的高水平期刊的论文。除非特殊需要，一般应少引用低水平期刊的文献。

2.选择技巧

参考文献的引用情况一定程度上反映出该项研究的基础和科学依据，也反映出作者对他人研究成果的尊重和对学术的严谨程度，参考文献也是审稿专家和期刊决定稿件取舍的因素之一。我们在写作时要十分重视参考文献的选择。

那么，选择参考文献时需要考虑哪些因素呢？

（1）引用数量。大多数期刊对参考文献的引用数量并无明确的规定，部分中文期刊规定不少于15篇，但是引用参考文献的数量也不宜过多。SCI和EI期刊论文的文章参考文献大多在30篇以上，综述性论文则引用的参考文献更多。

（2）文献语种。写作中文论文时既要引用中文文献，也要引用英文文献。写作英文论文时，要尽量引用英文文献，包括中文期刊中以英文发表的文献，如果需要引用某一中文文献，则需要把文献的题目翻译成英文。

（3）出版时间。引用文献的出版时间与论文水平会对论文有一定的影响，这也是审稿人和编辑决定稿件取舍的重要因素之一。参考文献应以近5～10年的文献为主，应有近3年的文献。文献陈旧，一种可能是该领域不是研究热点，另一种可能是作者不了解该领域的最新进展。

（4）文献来源。文献来源在一定程度上反映出文献的水平，要尽量选择高于目标期刊的期刊文献，尤其是高水平期刊的文献。

（5）文献的作者。要多引用那些长期从事某领域研究且具有较高科研水平和知名度的作者的文献。

（三）参考文献标注和著录体系

期刊论文的参考文献位于"致谢"之后，无"致谢"时位于正文之后、"附录"之前。著录体系主要有2种：①著者-出版年制，这种著录体系便于读者了解文献的作者；②顺序编码制，这是中文期刊中最常用的参考文献著录体系。

1.著者-出版年制

（1）正文中引用文献的标注方法

著者-出版年制，在引用处加圆括号，括号里面是文献著者的姓和出版年份。若只标注著者的姓，出现无法识别的情况，可标注姓名全称；中文论文的中国人用全名。例如：

①The primary factors affecting diapause of bivoltine strains of *Bombyx mori* is temperature, which is especially in the later period of embryo development during incubation (Sasibhushan et al., 2012).

②The progeny diapause trait is determined by the environmental conditions, such as temperature and light, that mothers experienced during their own embryonic development(Chen et al., 2017).

③家蚕中存在*Dnmt*1、*Dnmt*2两种甲基转移酶的同源基因（Xiang et al., 2010）。

④在对小鼠胚胎移植的研究中发现，METTL14对于促进移植后外胚层的成熟具有重要作用（Meng et al., 2018）。

⑤家蚕二化性品系蚕卵常温明催青时产下滞育卵，低温暗催青时产下非滞育卵（黄君霆，2003；时连根，2004）。

（2）文后参考文献著录方法

参考文献首先按文种集中；然后，按第一著者姓名的字母顺序排列，同一个第一著者的文献则按出版年份先后排列，相同著者同一年份有2篇及以上文献时，则在年份后加a、b、c等区别，中文文献著者按汉语拼音字母顺序排列。在文献标题后紧跟方括号，标注文献类型。例如：

CHEN Y R, JIANG T, ZHU J, et al., 2017. Transcriptome sequencing reveals potential mechanisms of diapause preparation in bivoltine silkworm *Bombyx mori* (Lepidoptera: Bombycidae)[J]. Comp Biochem Physiol Part D Genomics Proteomics, 24: 68-78.

MENG TG, LU X, GUO L, et al., 2019. METTL14 is required for mouse postimplantation development by facilitating epiblast maturation [J]. FASEB J, 33(1):1179-1187.

黄君霆，2003. 家蚕滞育分子机制的研究[J]. 蚕业科学，29（1）: 1-6.

时连根，2004. 蚕学研究[M]. 北京：中国农业科学技术出版社：570-572.

2.顺序编码制

（1）正文中引用文献的标注方法

在引文处对引用的文献按其在文章中出现的先后顺序，用阿拉伯数字加方括号标出，并用上标格式。例如：

miRNAs是一类内源性功能小RNA，在动物中广泛参与细胞分化、发育形态、神经系统发育、肌肉的发育和维持细胞存活等方面的调控[1-3]，主要在转录后水平通过降解靶基因mRNA、抑制翻译等作用机制调控基因表达[4, 5]。

（2）参考文献著录方法

顺序编码制下，引文参考文献既可以集中著录在文后或书末，也可以分散著录在页下端。参考文献著录方法如下（著者–出版年制文后的参考文献也按此格式著录）：按论文中引用的顺序号排列，序号编码加方括号，其后不加“.”。著者不超过3名，则全部列出，著者间用“,”隔开；当著者超过3名时，只列前3名著者，后加“等”（英文文献用“et al.”表示）。题名后用方括号内的字母表示文献类型，例如：

[1] JUNICHI T, HIROYUKI K, KIYOSHI Y, et al. Reduced expression of the let-7 microRNAs in human lung cancers in association with shortened postoperative survival[J]. Cancer Resh, 2004, 64(11): 3753-3756.

[2] LI H, XIE H, LIU W, et al. A novel microRNA targeting HDAC5 regulates osteoblast differentiation in mice and contributes to primary osteoporosis in humans[J]. J Clin Invest, 2009, 119(12): 3666-3677.

[3] KARA M, YUMRUTAS O, OZCAN O, et al. Differential expressions of cancer-associated genes and their regulatory miRNAs in colorectal carcinoma[J]. Gene, 2015, 567(1): 81-86.

3.文献类型和著录格式

（1）文献类型

我们著录引用的参考文献，首先要知道文献类型和标识代码。这个标识代码是全世界通用的，采用文献类型英文名称的第一个字母的大写格式（见表2.1）。

表 2.1　文献类型和标识代码

文献类型	标识代码	文献类型	标识代码
期刊	J	标准	S
普通图书	M	专利	P
档案	A	报告	R
会议录	C	报纸	N
学位论文	D	其他	Z

（2）著录格式

①期刊

鲁兴萌，孟祥坤，沈柏民，等.基于养蚕环境样本检测的流行病学调查方法[J].蚕业科学，2013，39（5）：913-920.

中文期刊用全名，外文期刊可用缩写刊名，如Insect Biochemistry and Molecular Biology可缩写为Insect Biochem Molec。

②专著

周泽扬.家蚕微孢子虫基因组生物学[M].北京：科学出版社，2014：167-191.

③专著中的析出文献

SANFACON H, IWANAMI T, KARASEV A V, et al. Family secoviridae[M]// KING A M Q, ADAMS M J, CARSTENS E B, et al. Virus taxonomy:classification and nomenclature of viruses:ninth report of the international committee on taxonomy of viruses. San Diego: Elsevier Academic Press, 2012: 881-893.

④学位论文

帅亚俊.微/纳拓扑结构蚕丝蛋白支架的构建及其骨修复功能研究[D].杭州：浙江大学，2017.

⑤标准

国家市场监督管理总局，国家标准化管理委员会.农业废弃物资源化利用 生物质资源综合利用：GB/T 42679—2023[S].北京：中国标准出版社，2023：3-4

⑥专利文献

沈兴家，陈艳荣，朱娟，等.基于CRISPR/Cas9双切口酶技术的家蚕基因精准敲除系统：201810928945.8 [P].2022-07-01.

73

⑦电子文献

HE N J, ZHANG C, QI X W, et al. Draft genome sequence of the mulberry tree Morus notabilis[J/OL]. Nat Commun, 2013, 4(1): 3445[2015-06-25]. http://www.nature.com/ncomms/2013/130919/ncomms3445/full/ncomms3445. html. DOI: 10.1038/ncomms3445.

（四）参考文献的管理

参考文献在科技论文写作中的作用十分重要，在没有参考文献管理软件的时代，参考文献的录入是一项极其烦琐耗时的工作。

科技论文对参考文献著录格式的严格要求，使得参考文献的录入有章可循，变得程式化。目前，国外用得最多的是EndNote软件，其参考文献样式齐全，但对我国中文期刊支持不足。国内最著名的是NoteExpress软件，它具有EndNote软件的全部主体功能，还支持题录及附件在不同数据库中的转移、复制，初始界面具有"笔记"功能模块。

利用EndNote和NoteExpress软件，我们可以建立自己的标准文献数据库，轻松地录入参考文献。当我们按照目标期刊著录参考文献后，如果稿件未被录用，从而需要转投其他期刊，此时就可以利用软件，按照新期刊的要求，一次性完成所有参考文献的格式转换。

参考文献的著录是与正文写作同步进行的，尤其在引言部分和讨论部分，一般都要引用较多的参考文献，因此，在写作前要提前学习软件著录操作。

六、摘要和关键词

（一）摘要的作用

GB/T 7713.2—2022规定：论文应有摘要。论文摘要是对论文内容不加注释和评论的简短陈述，应有独立性和自明性，即不阅读全文就可以获得必要的信息。为利于国际交流，宜有外文（多用英文）摘要。摘要的撰写应符合《文摘编写规则》（GB 6647—86）的规定。

摘要是文章内容的高度浓缩和准确、简洁的摘录。其作用是：①让读者尽快了解论文的主要内容，以补充题名的不足。②通过阅读摘要，使读者可以判断是否需要通读该篇论文。摘要担负着吸引读者和介绍文章主要内容的任务。③文摘杂志对摘要可以直接利用，从而可避免由他人编写摘要可能产生的误解、欠缺和错误。④为科技信息收集者和文献的计算机网络检索提供方便。

论文初稿完成后，要经过几次反复修改和打磨，有时甚至要根据结果和讨论，重新写引言，修改题目。只有当论文正文全部确定后，我们才能开始写作论文摘要，否则一旦正文修改，摘要也要做相应修改。

（二）摘要的类型

论文摘要根据详略程度，可以分为报道性摘要、指示性摘要和报道-指示性摘要。科技论文写作一般要用报道性摘要，指示性摘要、报道-指示性摘要常用于文摘类杂志等二次文献或新闻报道。

1.报道性摘要

报道性摘要（informative abstract）即资料性摘要或情报性摘要，用来报道论文作者的主要研究成果，向读者提供论文中全部创新内容和尽可能多的定量或定性信息。尤其适用于试验研究和专题研究类论文，学术性期刊大多采用报道性摘要，GB/T 7713.2—2022 建议摘要篇幅为 400 字左右。英文摘要以 $200 \sim 300$ 个单词为宜。但是，随着科技的迅猛发展，实验仪器设备和操作技术更趋复杂，因此，只要摘要尽可能简洁明了，期刊也不会对字数限制过于严苛。摘要不分段，不列举例证，不描述研究过程，不做自我评价。报道性摘要通常应包含以下几个要素：

（1）该项研究工作的内容、目的及其重要性。

（2）所使用的实验材料、方法和主要仪器设备等。

（3）总结研究成果，突出作者的新见解。

（4）给出研究结论及其意义。

例 2.4：论文"褐飞虱神经肽及其受体基因的功能筛查"[浙江大学学报（农业与生命科学版），2022，48（6）：766-775]。

摘　要　神经肽对昆虫的生命活动和环境适应性具有重要影响，是害虫防治的潜在靶标。褐飞虱（*Nilaparvata lugens*）是亚洲地区重要的水稻害虫。本研究对褐飞虱中的神经肽及其受体基因的功能进行了筛查，通过聚合酶链反应扩增并验证得到了41个神经肽基因（含1个可变剪接本）和44个受体基因。通过RNA干扰方法，得到沉默后造成高死亡率的4个神经肽基因（NlCCAP、NlETH、NlOKA和NlPK）和2个受体基因（NlA36和NlA46），这些基因在褐飞虱3龄若虫阶段注射双链RNA（double-stranded RNA, dsRNA）进行沉默后，成虫相对存活率＜0.2，具有成为害虫防治靶标的潜力。RNA干扰结果表明：几种蜕皮前后行为调控神经肽，如甲壳类动心肽、蜕皮诱导激素、鞣化激素的基因与其他昆虫研究中报道的功能相似，而另一些与蜕皮调控相关的神经肽（如促前胸腺激素、羽化激素）在褐飞虱中的生理功能则不明显。本研究为褐飞虱神经肽生理功能的深入探索奠定了基础。

关键词 褐飞虱；神经肽；RNA干扰；蜕皮

2.指示性摘要

指示性摘要（indicative abstract），也称概述性摘要或简介性摘要、主题性摘要（topic abstract），它只简要地介绍论文的论题，或者概括地表述研究的目的，仅使读者对论文的主要内容有一个概括的了解。其篇幅以150字左右为宜。

将例2.4的报道性摘要改为指示性摘要。

摘　要　从褐飞虱（*Nilaparvata lugens*）中筛查到41个神经肽基因和44个受体基因，RNA干扰筛查到高死亡率的4个神经肽基因（NlCCAP、NlETH、NlOKA和NlPK）和2个受体基因（NlA36和NlA46），这些基因具有成为害虫防治靶标的潜力。

3.报道-指示性摘要

报道-指示性摘要（informative-indicative abstract），以报道性摘要的形式表述论文中信息价值较高的部分，以指示性摘要的形式表述论文的其余部分。因此，报道-指示性摘要的篇幅一般在300字左右。

（三）学位论文摘要

学位论文的摘要分为2种，一种是短摘要，其写作方法与学术论文的摘要一致；另一种是大摘要，大摘要可单独印发，不受字数的限制，通常字数可达2500～3000字，主要包括以下内容：

（1）开展这一实验研究的目的和重要性。

（2）简要叙述该实验研究的主要内容和主要研究过程。

（3）该实验研究获得的主要结果和得出的主要结论，要突出创新性。

（4）研究结论的科学价值或应用前景。

学位论文摘要中经常出现以下一些问题：

（1）摘要篇幅过短。有的作者以为他研究的内容别人都很了解，在摘要中不说明本研究的目的和意义。

（2）结果和结论不符合实际，或与正文内容不一致。在学位论文修改过程中，修改不系统，出现前后文不一致，或者数据、图片与文字不一致的现象，甚至得出错误结论。

（3）文字不够精炼，语句不通顺。少数作者写作时，有口语化现象，表述不清，不够精炼，甚至关键词出现错别字，造成语句不通顺。

（4）格式不规范。学位论文的摘要既要符合科技论文摘要的一般要求，也要符合所在高校研究生学位论文的格式要求。

（5）中英文摘要内容不符或英文翻译不准确。有时论文的中文摘要有修改，而对应的英文摘要未做相应修改，造成两者不一致。部分作者使用软件进行英文翻译，并且直接引用，不做任何修改，容易出现用词不当或错误的情况。

（四）摘要内容和写作要求

1.内容与格式

摘要的内容通常包括研究目的、研究方法、研究结果和结论。

不同的科技期刊对摘要的格式有不同的要求。有的期刊的摘要明确规定了写作内容，如《昆虫学报》规定，摘要内容分为目的、方法、结果和结论，作者应当按照规定的格式写作论文摘要。有的期刊虽然没有明确规定摘要的内容，但是其摘要也应当包括目的、方法、结果和结论。

科技论文的摘要，一般为一段式，即摘要不分段。摘要中不使用非共知共用的符号和术语，不使用数学公式和化学结构式；一般不出现插图、表格、引文等。

2.写作要求

（1）采用第三人称写作。 一般我们采用第三人称的角度写作摘要，可以更好地体现客观性。但是，近年来以第一人称写作有增加的趋势，这种写作格式更加生动活泼。

（2）简短精炼，明确具体。要摘录出原文的精华，无多余的话；用词贴切，表意明白、不含糊，无空泛笼统的词语，提供较多定性和定量的信息。

（3）格式要规范。摘要不分段，不能简单地重复标题中已有的信息，切忌罗列段落标题来代替摘要。

（4）语言通顺，结构严谨，标点符号准确。这是写作的基本要求，尤其在摘要中更能体现作者的文字功底。

（五）关键词

科技论文应有关键词，包括英文关键词。关键词是为了便于文献检索，从提名、摘要和正文部分选取出来的，用以表示主题内容的词或词组。关键词在论文中起着关键作用，最能说明或代表论文中心内容特征。关键词置于摘要之后。

关键词可以是主题词，也可以是自由词，不受关键词表（由全国科学技术名词审定委员会）限制。每篇论文应根据学术研究的深度和广度，列出 3 ~ 8 个关键词，体现论文的核心内容，其中重要的可检索内容不应被遗漏。

通过关键词可查到该论文。选择关键词应注意如下几个问题：

（1）使用较定性的名词，一般为单词或词组，要用原形而非缩略语。

（2）泛指的词语不宜作为关键词。例如，方法、理论、技术、应用、观察、调查、分析等。

（3）不用英文缩写，化学分子式不能作为关键词。

（4）英文关键词要与中文对应，数量完全一致。

（5）特定含义的名词做关键词时，要加双引号。如《"一带一路"背景下国际旅游发展路径研究》一文中的关键词："一带一路"，国际旅游，国际合作。

七、署名、致谢与附录

论文写作基本成稿后，就要考虑论文的署名，即哪些参加人员需要列入作者之中，如何排名。哪些人在实验研究和论文写作中提供了帮助或指导（包括科研选题，实验材料，仪器设备，研究思路，数据分析和论文写作、讨论等方面），但是还不足以列入作者名单；哪些部门给予了经费资助等，需要表示感谢。

（一）署名

1.作用

论文署名主要有以下几个方面的作用。

（1）署名是拥有著作权的声明。你在一篇论文中署名，即表明你拥有或部分拥有该论文的著作权。《中华人民共和国著作权法》规定：著作权属于作者。署名应用本名，而不用笔名。

（2）署名表示文责自负的承诺。论文一经发表，署名者即应对论文负法律、政治、学术和道义等方面的责任。如果论文内容存在剽窃、抄袭，或者在政治、学术或技术上存在错误，那么署名者就应承担或共同承担由此带来的责任。

（3）署名便于读者同作者联系。署名包括作者所属或服务的单位名称、作者姓名，以及联系方式（电子邮箱地址、电话号码）等，可以方便编辑部和读者的联系。

（4）当有多个作者共同署名时，应依照贡献大小顺序排列。现在越来越多的期刊尤其是英文期刊，要求在文后列出每位作者在论文中的工作内容。

2.格式

作者姓名和工作单位，应分行并置于题名下方，中、英文期刊的格式基本一致。例 2.4 的论文署名：

褐飞虱神经肽及其受体基因的功能筛查

王斯亮 [1,2]，罗序梅 [1]，张传溪 [1,3*]

（1.浙江大学农业与生物技术学院昆虫科学研究所，杭州 310058；2.温州科技职业学院农业与生物技术学院，浙江 温州 325006；3.宁波大学植物病毒学研究所，农产品质量安全危害因子与风险防控国家重点实验室/农业农村部和浙江省植物保护生物技术重点实验室，浙江 宁波 315211）

署名

（二）致谢

1.内容

论文写作完成后，对于获得的与实验相关的科研项目经费资助以及在实验研究和论文写作中提供了帮助或指导（包括在选题、材料、仪器设备、研究思路、数据分析和写作讨论）但还不足以列入作者名单的，需要表示诚恳的感谢。

第一是感谢别人的帮助。科学研究往往不是一个人能够独立完成的，需要不同人员多方位的协助、合作和支持。因此，当成果以论文形式发表时，需对他人的劳动给予充分的肯定，并表示谢意，包括实验室同事或别的人员，给予重要实验技术、特殊实验材料、仪器设备支持的个人或组织。

第二是感谢接受的研究经费资助。如国家重大专项、国家自然科学基金项目，省部级项目，市厅级项目，研究生创新项目，合同项目，奖学金等。

2.格式

致谢应排在结论或结束语之后，一般不编章编号。致谢写作的格式不固定，可以根据需要来写，但是文字要精炼，态度要诚恳。例如：

（1）本研究曾得到×××的帮助（资助等），谨此致谢。

（2）×××对研究工作给予了很大帮助，×××对论文初稿提出了宝贵意见，在此一并谨表谢意。

（3）We thank Dr. Baochen Shi, Dr. Beibei Chen and Dr. Norman for their useful discussions. This work was supported by the National Natural Science Foundation of China Projects (Grant No. 30630040, 973; Grant No. 2007CB946901 & 2007CB935703) from the Ministry of Science and Technology of China, and the Innovation Project (Grant No. KSCX2-YW-R-124) from Chinese Academy of Sciences.

中文期刊论文，如果正文后面不单列致谢，则可以将资助项目信息与第一作者、通讯作者等信息一起，作为脚注排在论文首页左下角或底端（见图2.3）。

收稿日期：2015-03-19　接受日期：2015-05-16
资助项目：国家自然科学基金项目（No.31172266），江苏省研究生培
　　　　养创新工程项目（No.CXZZ12-0726）。
第一作者信息：范洋洋（1989-），女，硕士研究生。
　　　　　E-mail：1025926715@qq.com
通信作者信息：沈兴家，研究员，博士生导师。
　　　　　E-mail：shenxjsri@163.com
　* Corresponding author. E-mail：shenxjsri@163.com

图2.3　作者信息

（三）附录

附录是论文主体的补充项目，对于某一篇科技论文并不是必需的。为了体现整篇论文材料上的完整性，但写入正文又可能有损于行文的条理性、逻辑性和精炼性，这类材料可以作为论文的附录。

附录大致包括以下一些材料：

（1）比正文更为详尽的理论根据、研究方法和技术要点更深入的叙述，建议可以阅读的参考文献题录，对了解正文内容有用的补充信息等。

（2）对一般读者并非必要阅读，对本专业同行很有参考价值的研究资料。

（3）重要的原始数据资料、数学推导、仪器打印输出件等。

中文期刊的附录置于参考文献表之后，依次用A、B、C等编号。英文期刊的附录（supplementary files；supplementary materials；additional data）用大写字母"S"+编号的形式表示相应的图、表等，只有在线阅读时，才能查阅附录内容。

通常，当我们觉得这些材料需要提供给读者参考，就在投稿的同时提交给编辑部；或者投稿后编辑部要求提供其他材料时，我们再提供附录材料。

第三节　英文科技论文写作注意事项

前面我们讨论的有关科技论文的写作，同样适用于英文科技论文。但是，汉语和英语在语法、表述方式等方面存在较大的差异，以及中外文化背景的差

异等，给非英语母语的作者带来了困扰。本节我们讨论英文科技论文写作中需要注意的一些情况。

一、题目

在着手论文写作时，我们草拟几个可能的题目（title），当论文完成后我们就要确定一个最适合的题目。论文题目是作者与读者以及编辑和审稿人交流的重要部分。题目应该明确指出论文的研究内容，有效吸引读者的注意力。

下面我们来看一下英文科技论文题目的具体要求。

（一）简明扼要，信息丰富

题目的信息越丰富，潜在的读者就越容易判断论文内容与他的兴趣的相关性。科技论文写作的客观目的是要吸引读者，并能使读者读懂。写作要围绕服务读者这一宗旨。有些期刊的《作者指南》中对于题目有相关的要求。例如：The *Journal of Ecology* asks for a concise and informative title (as short as possible)（ *Journal of Ecology* 要求题目简洁而信息丰富，尽可能短）; The *New Phytologist* stipulates a concise and informative title (for research paper, ideally stating the key finding or framing a question)[*New Phytologist* 鼓励简洁而信息丰富的题目（研究论文最好陈述重要的发现或构思一个问题）]。

超长的题目里，可能存在无意义的"废"词。为使题目简明扼要，就必须删除这些"废"词。"废"词通常出现在题目的开头部分，例如：studies on、research on、investigation of、observation on 等短语，不提供任何学术意义和检索帮助，完全可以删除。还有放在题目开头的 the、a 或 an 等，也是多余的。

另外，题目的用词一定要确切，避免使用那些模棱两可、含混不清或空泛的词。例如，有些研究生学位论文题目里有"……对……的影响""……对……的作用"，通常翻译成 "influence of" 或 "effects of" 等，这里的"影响""作用"有点模棱两可，不知道是增强作用还是减弱作用，或是正调控还是负调控，应该将需要表达的含义具体化。

（二）前置引人注目的关键词

在确定英文题目时，要使用那些能够抓住读者的注意力，能让读者对你的论文产生兴趣的词汇，并要把这些词汇放在题目靠前的位置。例如：

Effects of added calcium on salinity tolerance of tomato（关键词前置，推荐）

Calcium addition improves salinity tolerance of tomato（普通，不推荐）

为了确保把关键词放在前面，有效方法是使用冒号（：）、短横（一），把题目中包含关键词的第一部分和后面的解释部分分开。例如：

Disturbance, invasion, and reinvasion: Managing the weed-shaped hole in disturbed ecosystem（推荐）

Native weeds and exotic plants: Relationships to disturbance in mixed-grass prairie（推荐）

Resistance to infection with intracellular parasites—Identification of a candidate gene（推荐）

（三）用名词短语、陈述句和疑问句

1.名词短语构成的题目

通常，我们把多个短语和一个重要的名词聚集在一起构成名词短语作为论文题目，例如Diversity and invasibility of southern Appalachian plant communities。名词短语中的名词作为形容词时，要用它们的原形，例如dog food = food for dogs。

但是，当我们把一系列名词组合在一起作为论文题目时，可能会引起模棱两可的问题。如enzymatic activity suppression，既可能是suppression of enzymatic activity的含义，也可能是suppression by enzymatic activity的含义。那该怎么办呢？如果名词短语较长，可以插入适当的介词，如of、by、for等，澄清名词短语的含义。例如：

Soybean seedling growth suppression（×）→Suppression of soybean seedling growth（√）

Adult dairy cattle ventilation systems（×）→Ventilation systems for adult dairy cattle（√）

2.陈述句作为题目

陈述句用于提出问题并给出不复杂的回答，作为论文标题，可以更好地展示研究结果的明确信息。如 Calcium addition improves salinity tolerance of tomato；Silkworm (*Bombyx mori*) neuropeptide orcokinin is involved in the regulation of pigmentation，都是很恰当的题目。

但是，陈述句通常只适合于能简单回答的题目。

3.疑问句作为题目

虽然陈述句作为题目，表达的意思很明白，但是当我们研究的问题比较复杂，不能用一个简单的陈述句回答时，就不能使用陈述句。此时，我们可以用疑问句的形式。一般情况下，即使一项很复杂的研究，我们也可以把它归结为一个科学问题。例如：

Insect personality: What can we learn from metamorphosis?

Cold chain logistics: A possible mode of SARS-CoV-2 transmission?

在确定选用哪种类型的题目之前，还要查看目标期刊的具体推荐形式。

二、语态

如果我们需要知道是谁做出的行为，那就要用主动语态；如果谁做出行为这一信息不重要，那就可以用被动语态。

以往，科技论文很少使用主动语态，而最近十几年主动语态的使用有增加的趋势，尤其是在英文科技论文写作中。但是，试验方法部分的写作，一般使用被动语态，不用主动语态。

用被动句的问题是句子比较笨拙，要避免使用太长的主语，并把较短的被动动词放在句尾的做法，那样显得头重脚轻，不符合英语写作习惯。例如：

Wheat and barley, collected from the Virginia field site, as well as sorghum and millet, collected at Loxton, were used. (×) 可改为：

Four cereals were used: wheat and barley, collected from the Virginia field site; sorghum and millet, collected at Loxton. (√)

当我们使用主动语态时，主动句中的主语用 we，不用 I。一方面是表示谦虚；另一方面，随着科技的发展，科研越来越深入和复杂，通常一项研究都需要团队合作，某个人单独完成很难。

三、动词的时态

汉语的动词一般不能直接表现时态，而是通过修饰词来实现的；英语动词的时态则要复杂得多，在科技论文写作中一定要引起足够的重视。

科技论文写作中常用的动词时态有：一般现在时、一般过去时、现在进行时、现在完成时、一般将来时等。

（一）引言部分常用的动词时态

如果是陈述已发表的研究成果，则应使用现在时态；如果是总结该论文所做的研究工作内容，则用过去时态。具体来说，陈述已经完成的研究结果，并强调其结果对现在有影响的事件时，用现在完成时态；用于真理性的描述，或者总是存在的情形，用一般现在时态。

下面我们来分析一篇文章引言中动词的时态，例 2.5：Effect of a fibroin enzymatic hydrolysate on memory improvement: A placebo-controlled, double-blind study. Nutrients, 2018, 10(2): 233。下划线"____"表示动词或动词词组。

1. Introduction

Historically, silk and silk protein hydrolysates <u>have been consumed</u> as food and as traditional Asian medicine for health benefits, including in use as tissue protectants and anticancer agents and to enhance the immune system [1,2].

> 现在完成时态，已完成并对现在有影响

Silkworm cocoons of the silkworm moth, *Bombyx mori*, <u>are composed</u> almost entirely <u>of</u> protein with the inner core of the silk strand consisting primarily of the protein fibroin [3,4]. Fibroin proteins <u>are interconnected into</u> a continuous, polymeric mesh network that <u>forms</u> a cocoon from a single silk strand with a length of up to 1000 m [3,4]. Silkworm fibroin <u>has</u> a very specific sequence of repeated blocks of hydrophobic polyglycine (24–35 residues) and polyalanine (8–10 residues), primary sequences that <u>form</u> a common protein structure called beta-sheets. The sheets <u>are arranged</u> to be adjacent when folded. Other amino acids including L-serine and L-tyrosine <u>occupy</u> key positions in the protein strand sequence and account for the folding of fibroin into continuous, long strands of silk protein. These four amino acids <u>comprise</u> over 90% of the weight of fibroin protein.

一般现在时态，真理性事件

In recent years, it <u>has been reported</u> that a specifically prepared, proprietary silk fibroin protein enzymatic hydrolysate (FPEH) <u>improves</u> cognitive function in normal, healthy humans [5–10]. The enzymatic hydrolysis <u>results</u> in short strands of the protein with a molecular weight range of 500–5000 daltons. These studies <u>included</u> children, high school/college students, adults and seniors ranging in age from about 9 to 72 years. The study designs <u>were randomized</u> and <u>placebo controlled</u> with acute and 3–16 week durations.

现在完成时态

一般现在时态，认同他人成果

一般过去时态，描述以往实验的过程

Eight separate, controlled human studies <u>have found</u> that FPEH at doses of 200–400 mg daily administered acutely or for 3–16 weeks significantly improved mental function from baseline and placebo groups by validated measurements [5–10]. Furthermore, an animal study <u>showed</u> improvements or restoration of various memory deficits by the oral administration of FPEH [11]. FPEH <u>was well tolerated</u>, with no differences in adverse effects as compared to subjects administered the placebo.

现在完成时态，研究结果对现在有影响：FPEH改善精神功能

一般过去时态，实验已成过去

The purpose of the current study <u>is</u> to evaluate the dose-dependent effectiveness of the FPEH for memory improvement in healthy adults, using a validated memory test.

> 一般现在时态，描述主观愿望

Doses of 280, 400 and 600 mg/day <u>were given</u>, with the 600 mg dose being higher than doses used in previous studies [5–10]. The study <u>assessed</u> memory effects over a wide age range under identical experimental conditions and <u>was designed</u> to validate results of previous studies.

> 一般过去时态，实验已成过去

（二）材料与方法部分常用的动词时态

在材料与方法中，研究过程中使用什么材料、采用什么方法，都已经成为过去，用一般过去时态。但是一些说明性的句子要用一般现在时态。

2. Mate rials and Methods

2.1 *Study Material*

The FPEH <u>was provided</u> by BrainOn Co., Ltd., 403 Isbiz Tower, 23 Seonyuro49-gil, Youngdeungpo-gu, Seoul 07206, Korea. The product, also known as BF-7, <u>was prepared</u> on the basis of the procedure of Yeo et al.

> 一般过去时态，实验已成过去

[12], and it <u>is sold</u> under the trade name of Cera-Q

> —— 解释性句子

(Novel Ingredients LLC, East Hanover, NJ, USA). The study material <u>has been approved</u> by the Korean Ministry of Food and Drug Safety as a food ingredient with no limits on the intake amount.

> 现在完成时态，试材已被批准，可不限量使用

2.5 *Statistical Analysis*

All data are expressed as means $\pm$ standard error of the means (SEM). A generalized linear model (PROC-GLM, ANOVA) from the Statistical Analysis System (SAS, version 9.3, SAS Institute Inc., Cary, NC, USA) was used to analyze the data. The number of subjects that completed the study in each group was sufficient for statistical processing based on a post hoc power analysis. When statistical differences ($p < 0.05$) determined by ANOVA using Tukey's post hoc test were found, comparisons among groups were subsequently conducted using the least-squares or Duncan methods; ω^2 effect size calculations were calculated from SAS ANOVA tables as per Albers and Lakens [16].

一般过去时态，
实验已成过去

（三）结果部分常用的动词时态

在结果部分，用于描述已经完成的研究用一般过去时态；用于真理性的描述，或者总是存在的情形用一般现在时态；评述性的描述通常用情态动词，如 may, could 等。

3.6 *Effects of FPEH on Visuospatial Abilities, Attention and Memory*

The results for the KCFT, which represents short-term memory and integrated executive functions, are presented in Figure 6.

一般现在时态，总是
存在的情形

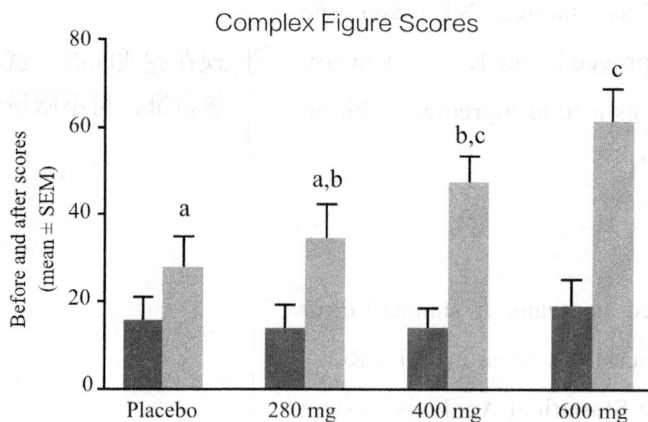

Fig.6 The black bars are baseline scores

Baseline scores for each group <u>did not differ</u>. A significant increase in complex figure scores <u>was found</u> by ANOVA analysis ($F = 4.2073$; df total = 62; $p = 0.0092$). The ω^2 effect size <u>was</u> 0.132, a small-medium value (0.10–0.25) for ANOVA-derived effect sizes. The change in drawing /recall in the 280 mg FPEH treatment group, as compared to the placebo group, <u>was not</u> statistically significant ($p = 0.5493$). However, the 400 mg ($p = 0.0497$) and 600 mg ($p = 0.0032$) FPEH treatment groups <u>exhibited</u> statistically significant increases in KCFT scores from the placebo group. The 400 and 600 mg scores <u>were not</u> significantly different ($p = 0.1492$).

> 一般过去时态, 实验已成过去

四、讨论

英文科技论文与中文科技论文在写作上并没有本质的差异，包括讨论部分也一样。但是对于大多数初学者来说，英文写作可能存在一定程度的语言障碍，这需要经过一段较长时间的努力才能克服。这里主要介绍一下在研究结果中对"研究发现"表述的态度和主张的强力程度的几个常用单词。

在使用"that"的句子中，作者有两次机会说明其对"研究发现"主张的强弱程度，一是主句中动词的选择和动词时态的选择，二是"that"从句中动词时态的选择。

语言的选择（表述主张或结论的强力程度）从强到弱举例如下：

Our experimental results demonstrate…

These results indicate…

…(it) appears that…

…suggests…

例句1: Our experimental results demonstrate that space- and propagule-limitation both regulate *S. muticum* recruitment. 主句动词用一般现在时态，说明

陈述的内容总是正确的，是一个强势的陈述；动词demonstrate的意义也很强势。表明作者对句子中的主张确信无疑。

例句2：These results indicate that *S. muticum* recruitment under natural conditions will be determined by the interaction between disturbance and propagule input. 与例句1相似，这里的indicate强调事实的确定性，主句动词用一般现在时态，从句动词用一般将来时态，说明一个强势的预测结果。

例句3：It appears that *GmDmt*1 has the capacity to function in vivo as either an uptake or an efflux mechanism in symbiosomes. 主句中用很弱势的动词appear，从句动词用现在完成时态，反映作者在该段落前面部分呈现的证据是强势的。

例句4：The presence of IRE motif suggests that *GmDmt*1 mRNA may be stabilized by the binding of IRPs in soybean nodules when free iron levels are low. 主句动词suggest是对陈述内容的确定性的一种弱势的表述。从句动词用may，说明确定性较低，但这并不是一件坏事。因为，结果和讨论部分的表述，要与数据、论据的可信度相匹配，这是审稿人评审过程中要检查的关键特征。

第四节　择刊投稿

一、科技论文的有效发表

上面我们介绍了科技论文各部分的写作，到这里论文已经成稿。但是，我们的工作还没有结束，因为我们写作科技论文的最终目的是要发表论文，而且是有效发表。

如何才算有效发表呢？科技论文有效发表必须同时具备以下几个条件。

（一）具有原创性的科技成果的首次发表

一篇科技论文只能在一个期刊上发表，已经发表在一个期刊上的论文不得再次在其他期刊上重复发表。但是，学术会议发表的论文，不影响其在期刊的再次发表。

（二）以能够为科技同行重复和检验的方式发表

科技论文发表后主要是给科技界的同行阅读的，有时同行还可能需要对论文的方法和结果进行验证，或者需要借鉴该论文的方法。因此，论文的方法必须能进行重复实验。

（三）在能被科技人员获取的资源上发表

科技论文发表有多种形式，如期刊、报纸、电子期刊（在线）、会议（论文集），不管采用哪种形式，都应该是以科技界同行能够获取的形式发表，但获取该论文不一定免费。另外，科技论文要符合其所发表媒体对研究领域和方向、写作格式等的要求。

二、目标期刊的选择

在论文写作时我们基本上有了投稿期刊的考虑，例如投什么类别的期刊（学科大类），期刊等级和影响因子如何等。选择确定投稿的目标期刊，通常可以从以下几个方面去考虑。

（一）拟投稿的期刊是否通常发表你完成的此类研究工作

首先要了解拟投稿的期刊，是否登载过与你的研究工作相同领域的文章，或者《投稿须知》《征稿说明》是否规定接受该领域的论文。如果答案是肯定的，那么我们可以考虑将其作为投稿的期刊。如果你在自己的论文中引用了该期刊的文献，说明你已经了解了该期刊，这有益于你的稿件的录用。

（二）拟投稿期刊的分区等级和影响因子的高低

选择目标期刊的另一个重要因素是中科院JCR期刊分区和期刊影响因子（IF）的高低。当我们完成写作后，通常可以在老师的指导下，大致评价自己论文的水平，这一点在论文的讨论部分也有所体现。当然，论文水平的高低，除了研究结果，还受到作者的写作水平包括语言能力的影响。

要根据自己论文的水平选择一个恰当的期刊。如果IF过高，你的论文可能不会被评审，直接拒稿；但是，如果IF过低，则不利于将来研究成果的评价。

论文第一次投稿时，可以考虑适当往上一个档次的期刊投稿，如果被拒，则修改后投IF略低一点的期刊。

（三）拟投稿期刊的出版周期和发文数量

期刊的出版周期和发文数量也是投稿需要考虑的因素。期刊根据出版周期，可分为季刊、双月刊、月刊、半月刊、周刊等，季刊和双月刊发表周期较长。期刊的发文数量一般也是比较固定的，如果一个期刊发表的论文数量很少，即使它的IF不高，论文被录用的概率还是会比较低。

从审稿到发表所经历的时间，可通过查看几篇该期刊发表的文章的收稿日期、发表日期进行估计。

（四）目标期刊是否收取版面费

中文核心期刊大多数要收取一定的审稿费和版面费，也有不收取版面费的。

英文期刊，有的不收取版面费，有的要收取版面费。收取版面费的期刊，也有两种情况，投稿时要注意选择。当你选择开放获取（open access或publish as an open access article）时，就需要支付版面费，这样你的论文就可供全世界科研人员免费下载；当你选择订阅（subscription或publish as a subscription article）时，则不需要交版面费，而读者下载你的论文就要向出版方付费。

有些不收取版面费的英文期刊，也会提供open access的选项，如果作者愿意缴纳不菲的版面费，那么其文章也可以变成免费下载，相当于非强制性地交付版面费。

论文版面费已经成为科研项目经费支出的重要组成部分，要谨防一部分国外学术期刊出版方利用这种open access的论文发表模式收取高额版面费，从中获取暴利。

三、投稿

（一）网上投稿系统投稿

在正式投稿之前，需要再次阅读目标期刊的《作者须知》之类的要求，确认稿件符合其中的所有规定，包括文章的语言、结构、编排格式（字体、行距、页边距、对齐方式）、参考文献格式等。

随着互联网的发展，科技论文投稿普遍使用电子投稿的方式。大多数期刊要求进行网上投稿。投稿前，应先在目标期刊出版方或期刊的官方网站注册；注册成功后按照规定步骤和内容逐一上传或输入。有的期刊在投稿时，建议你提供 3～5 位审稿专家，此时，你一定不要错过这个机会，与导师商量后提供建议审稿专家的联系方式；有的期刊允许列出作者认为有利益冲突需要回避的专家。

有的出版社或期刊，要求作者提供ORCID，即开放研究者与贡献者身份识别码，这是一个 16 位的密码，形式为：0000-0000-0000-000X，出版方用于将论文归属于正确的作者。你可以在 https://www.orcid-de.org/ 注册自己的专属ORCID。注册后，要注意保存注册的有关信息，以便下次使用，有些出版方旗下有很多期刊，可以使用同一账号登录，只需要选择合适的目标期刊即可。

投稿完成后，投稿系统会显示"投稿成功，感谢您的投稿"等字样，而且通讯作者或者通讯作者和第一作者会立即收到编辑部投稿成功的邮件。有的期刊此时会直接给你一个稿件编号，此后联系均使用该编号。

（二）电子邮件投稿

国内部分期刊尚未有网上投稿或编辑系统，仍采用电子邮件方式投稿。投稿前要核对电子邮箱是否正确，谨防假冒诈骗邮箱。

一般是在审稿完成并同意录用后，才收取审稿费和版面费，也有部分期刊需要先支付审稿费。

不论是中文期刊，还是英文期刊，都要求作者提供电子邮箱，至少提供第一作者和通讯作者的电子邮箱。有些期刊还要求必须使用带有单位域名的电子邮箱投稿。

四、审稿过程

了解科技论文稿件的审稿过程，有助于我们更好地发表科技论文。每个出版方的审稿过程大致相似，但是具体操作上也有一些差别。这里简要介绍一般的审稿过程。

（一）审稿流程

1.收稿与编号

编辑部收到作者的稿件后，编辑要进行稿件编号、预审，并做出下列决定：

（1）稿件是否符合本刊的专业领域。如不符，则立即退回，并附简短理由。

（2）稿件的形式合适与否，内容完整与否。如果答案为"否"，则稿件退回。编辑不会把没有认真准备的稿件拿去送审。

（3）编务管理。如果稿件适合该期刊，编辑就会记录稿件并编号，以方便审稿、修改和出版过程中的联系与查询。

2.编辑初审

编辑部按照研究方向和领域，将收到的稿件分配给相关编辑，由他们先对稿件进行初审，初步确定稿件是否适合，不适合则退稿，适合则进入同行评议（peer review）。

3.同行评议

不同的出版方邀请的同行评议专家人数是不同的，有的是 2～3 人，有的是 5 人。编辑部依据稿件所属研究领域和方向，选择一定数量的同行专家进行评议。采取少数服从多数的原则，对稿件做出决定：录用或退稿。但是，如果持少数反对意见的专家说得很有道理，编辑可能会直接做出退稿的决定。

同行评议的专家来源，首先是编委会成员，然后是其他专家，包括作者建议的专家（如果编辑部认为合适）。有时候编辑需要在大量的调研后，才能确定一篇论文的审稿人。

同行评议的时间，各出版方差异较大，一般为 2～4 周。如果你很快收到退稿，说明没有送给同行专家评议，直接被拒。如果 4 周以后还没有收到任何信息，则应该主动询问编辑部。

4.拒稿和退改

不论是中文核心期刊还是英文 SCI 期刊，稿件的录用比例都很低，一般在 40%～50%，越是高水平的期刊，稿件录用比例就越低。

（1）拒稿

稿件被拒是常事，要保持良好的心态。同时，认真阅读审稿意见，找出稿件被拒的原因。通常拒稿可分为四种情况。

①彻底退稿。以稿件目前的状态，不适合投稿期刊录用。

②稿件包含一些有用结果，但是存在严重缺陷，需要大幅度修改（大修）。这种情况，一般不推荐重新投稿该期刊，修改后可投稿其他期刊。

③稿件基本符合录用要求，但实验过程有缺陷。如没有设置对照组或文稿存在严重缺陷等，而数据可以接受，大修后可以重新投稿。

④研究设计合理，数据翔实，但是该研究的重要性不够。此时，期刊编辑部可能会建议转投其出版方麾下的其他期刊，作者也可以自己决定是否改投其他期刊。

（2）退改

直接录用的稿件是很少的，稿件一般都是在退改后才被录用。退改的稿件，作者在修改时应虚心接受审稿人的意见，仔细修改稿件中专家提出的疑问。退改的稿件，仍有被拒的风险，只有按照编辑和审稿专家的要求进行修改甚至补充实验，达到要求后才会被录用。

编辑的工作是让优秀的科技论文发表，所以，不要惧怕与编辑沟通。在提交修改稿时，应附上一份修改说明或答复专家的信。写信时，对专家要尊重有礼貌，逐一说明针对评阅专家和编辑的意见所做的修改，或者对专家提出的疑问的解释，说明补充和修改的内容。

五、其他事项

（一）版权和许可

版权（copyright）即著作权，是指文学、艺术、科学作品的作者对其作品享有的权利。版权是知识产权的一种类型，由自然科学、社会科学以及文学、音乐、戏剧、绘画、雕塑、摄影和电影摄影等方面的作品组成。

稿件录用后，出版社要求与作者签订版权转让之类的合同。英文期刊常用Consent for Publication（出版同意书）。投稿时，按照期刊的要求办理即可。

（二）动物伦理

我们在进行动物实验时，应充分考虑动物福利，善待动物，尊重动物的生命；要防止或减少对动物的应激、痛苦和伤害，禁止针对动物的野蛮行为。开展动物实验，应取得所在单位或部门的动物福利与伦理委员会的批准。

因此，很多期刊特别是英文期刊，在你投稿时，如果你的研究涉及动物伦理，它就会要求你提供一个伦理委员会批准你们进行该项研究的文件。通常只要简单表述一句，例如Ethics approval：The present study was approved by the Ethics Committee of Soochow University and the Ethics Committee of the First Affiliated Hospital of Soochow University；同时上传伦理委员会的批准文件。

（三）利益冲突声明

科学界对利益冲突（conflict of interest，COI）没有统一的定义，但它一般被描述为：任何可能的、潜在的或实际的可能导致一方将他们的利益或个人利益置于其应尽义务之上，或可能导致该方在其商业判断、决定和行动中有偏见的情况。简单来说，就是某人因为某种原因没法站在客观公正的角度来看待问题。

大多数英文期刊投稿时都要求披露经济利益情况，填写Declaration of Interest或Conflict of Interest Statement（利益冲突声明）。如果不存在利益冲突，就可以简单回答，例如：

The authors declare that they have no competing interests.

The authors have declared that no competing interests exist.

The authors declared no potential conflicts of interest with respect to the research, authorship, and/or publication of this article.

或者在回答的同时，说明有关情况，如：

The authors declare that they have no competing interests. Teagasc—the Agriculture and Food Development Authority (Ireland)—was the employer of Alessia Diana, Laura Boyle, Ciaran Carroll and Edgar G. Manzanilla who had roles in study design, data collection and analysis, interpretation of data, and preparation of the manuscript.

如果我们不能确定是否涉及利益冲突，则应该让期刊编辑知悉，让期刊来决定作者的经济利益和非经济利益对研究完整性的影响。

第三章

CHAPTER 3

科研项目申请书写作

【内容提要】本章介绍了科研项目的类型和选题，国家自然科学基金委员会的科学基金网络信息系统、科学基金资助体系、学部与申请代码、生命科学部近年资助情况和申请规定；详细介绍了国家自然科学基金项目申请书正文报告、四类科学问题属性、项目摘要等的写作要求和技巧。

第一节　科研项目的类型和选题

一、科研项目的类型

（一）纵向科研项目

纵向科研项目是指由上级科技主管部门批准立项的各类计划项目或基金项目，包括国务院所属各部委、各省（自治区、直辖市）和新疆生产建设兵团、各设区市科技管理部门设立的科研项目。纵向科研项目也称为计划项目，其经费纳入同级政府财政预算。主要有以下几类。

1.国家级科研项目

国家级科研项目由科学技术部（以下简称"科技部"）、国家发展和改革委员会（以下简称"国家发改委"）、军口（中央军事委员会、国防部等）、国家自然科学基金委员会（以下简称"国家基金委"）等代表国家设立和批准立项的科研项目。

（1）科技部设立和批准的项目，如国家重点研发计划，包括重大项目、重点项目；各种专项项目，包括科技基础资源调查、创新方法工作专项、干细胞及转化研究重点专项、农业生物重要性状形成与环境适应性基础研究等；政府间国际科技创新合作项目。

（2）国家基金委设立和批准的基础性研究项目，如国家自然科学基金重大项目、重点项目、面上项目、青年科学基金项目、地区科学基金项目（专门为少数民族地区、边远地区设立）、国际（地区）合作研究与交流项目等。

（3）国家发改委设立和批准的项目大多是与国家经济、社会发展相关的宏观研究课题或大型基础设施建设项目，也有一些较小的项目。通常由国家发改委某个司发布课题征集公告，然后符合申报条件的相关单位，按照公告要求申报课题；国家发改委组织专家评审、论证，确定入选课题，并发布征集课题入选公告。

例如，国家发改委评估督导司 2019 年 5 月 16 日发布"评估督导司 2019 年重大研究课题（第一批）征集公告"。研究课题和方向包括：①重大战略规划评估理论体系与实践方法研究（研究经费 50 万元）；②重大战略规划、重大政策和重大工程问题发现和督导机制研究（研究经费 20 万～30 万元）。申报要求：①课题申报单位必须具有完成课题必备的人才条件和物质条件，原则上应是事业单位、企业和社会团体。课题负责人应当在相关研究领域具有较高的学术造诣，应具有副高级以上职称。课题申报单位要根据自身优势精心组建课题组，鼓励组成跨领域、跨学科的专家团队联合研究。②如实填写申报书。③课题申报截止时间为 2019 年 5 月 30 日（以邮戳日期为准）。

2019 年 7 月 24 日，国家发改委评估督导司发布"2019 年重大课题（第一批）入选公告"，经严格评审和集体研究确定两家课题承担单位（见表 3.1）。

表 3.1　国家发改委评估督导司 2019 年重大课题（第一批）入选名单

序号	课题名称	承担单位	责任人
1	重大战略规划、重大政策评估理论体系与实践方法研究	北京科技大学	张满银
2	重大战略规划评估理论体系、实践方法和操作指南研究	中国国际工程咨询有限公司	李开孟

2.省部级科研项目

部委级科研项目是指由国务院所属各部委（科技部和国家发改委以外的部委）或委员会设立的某一行业或领域的科研项目，简称部级科研项目；省级科研项目是指由省（自治区、直辖市）科技厅或发改委等代表省（自治区、直辖市）政府设立的科研项目。部级科研项目和省级科研项目合称为省部级科研项目，大多数科研机构将两者视为同一级别的项目进行管理。

例如，教育部、农业农村部、商务部、工业和信息化部、自然资源部、生态环境部、人力资源和社会保障部等立项的科研项目。每个省（自治区、直辖市）都有各自的省级项目，如江苏省自然科学基金项目、上海市自然科学基金项目、广西壮族自治区自然科学基金项目等。

3.市厅级科研项目

市厅级科研项目是指由省（自治区、直辖市）科技厅之外的厅级管理部门，或设区的市级科技局立项的科研项目，以及国务院所属各部委的司（局）立项的纵向科研（计划）项目。

例如，教育厅、农业农村厅、商务厅、经济和信息化厅、自然资源厅、生态环境厅、人力资源和社会保障厅等立项的项目；设区的市级科技局立项的科研项目；农业农村部种业管理司、种植业管理司、畜牧兽医局等设立的计划项目；对于国家重点实验室开放课题，有的科研机构在教师业绩管理时将其视同市厅级科研项目。

（二）横向科研项目

横向科研项目是指科研单位对外开展各类科技活动所取得的非财政拨款的项目，包括事业单位和企业单位（甲方）委托的各类科技开发、科技服务、科学研究项目，以及政府部门（甲方）非常规申报渠道下达的项目。

横向科研项目来源很广，通常以委托方（甲方）和受托方（乙方）签订科技合同的形式体现，所以也称合同项目。例如，政府部门以购买服务的形式与科研单位签订合同的项目；政府部门委托一些科研单位、企业开展科技研发的项目；企业通过招投标、洽谈等方式，与科研单位签订合同的项目；等等。

横向科研项目的合同格式因合作内容不同而有差异，科技部制定的合同格式主要有以下几种：技术开发（委托）合同、技术开发（合作）合同、技术服务合同、技术咨询合同。科研单位和委托方签订合同，应当遵守《中华人民共和国合同法》等法律法规，坚持平等互利和公平、协商原则。

横向科研项目需要委托方和受托方签订项目合同，科研机构获得项目经费后需开具正式发票。

二、科研项目选题原则和步骤

（一）选题的原则

科研项目的选题是科研项目申报的基础，也是科研的难点所在。纵向科研项目选题，一般应符合下列原则。

1.符合性

纵向科研项目首先应符合国家或当地科技、经济和社会发展需求，其次要符合科技管理部门发布的该类项目的申请指南。不符合申请指南的申请书，管理部门将不予受理。

选题的符合性原则，实际上是选题的价值问题。学术研究既要追求学术价值，也要考虑社会价值。为了保证选题有一定的价值，首先要对所选题目的研究状况进行评估，评估开展该题目的研究是否有科学意义和社会价值。有些选题在学术上看起来没有多大的价值，但是通过其科学的论证，可以使社会较直接地受益，产生良好的社会影响。

2.创新性

科研团队或科技人员开展某一科研项目的研究，其最终目的就是创新，包括建立新的理论或模型、开发新技术、研制新产品或新工艺等。

纵向科研项目要瞄准学科前沿，着眼于国际国内尚未有研究成果的领域、学界争论的焦点和热点问题等，选择具有特色的科研项目。通过该项目的研究，达到填补国内外某一方向或领域的"空白"的目的，或者理论、技术水平明显提高。

3.可行性

纵向科研项目需要在众多的申请书中择优选择，项目团队要在规定期限内完成下达的研究任务，因此，科研项目的选题必须具有可行性。完成一项科研项目一般需要具备以下几个条件：

（1）项目的立项依据充分，即理论上可行。

（2）有良好的前期研究基础，甚至已经取得某些关键性指标的突破。

（3）仪器设备条件具备，有较高水平的科研平台。

（4）研究团队结构合理，技术力量强，团队成员之间有良好的合作关系。

（二）选题的步骤

科研项目的选题，不同于综述性论文的选题。科研项目选题活动的动因在于发现问题，因为只有发现了科学问题，才能找到研究目标，才能就题而论。爱因斯坦曾说过："提出一个问题往往比解决问题更重要。"因此，每一项科研课题或项目，必然始于选题。

根据美国科学基金会凯斯工学院基金委的调查统计，一个从事自然科学研究的科技人员花在文献查阅和选定课题上的时间达到了一项研究总时间的37.90%。具体见图3.1。

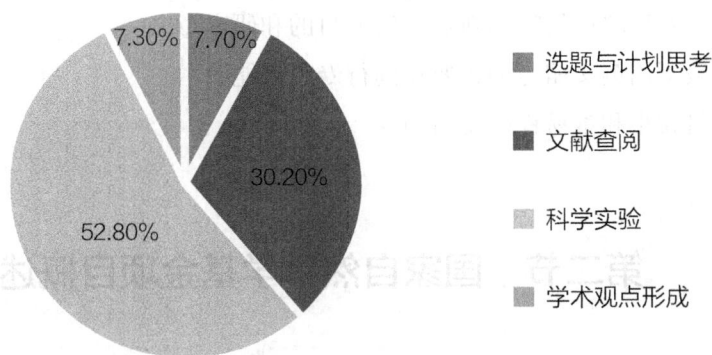

图 3.1 自然科学研究中各项内容的时间占比

科研项目或课题的选题方法因人而异，每个科技人员从事的研究领域不同、知识背景不同、掌握的实验技能不同、可利用的科研平台条件不同，都会影响其科研选题的选择。科技人员要根据项目申请指南，从自身学术背景和本单位研究平台以及可借鉴的平台等实际情况出发，选择申报合适的科研课题。

科研课题选择步骤如下：

（1）研究项目指南，充分了解指南对研究方向的要求。

（2）根据工作基础和积累，确定研究方向，草拟课题名称。

（3）检索类似课题历年资助情况，初定申报领域和课题。

（4）查阅文献资料，掌握申报领域的研究进展和发展趋势。

（5）找出值得和需要研究的科学问题及课题研究的切入点和技术路线。

（6）梳理与项目相关的前期研究基础。

（7）撰写项目申请书。

（三）科研项目题目要求

科研项目的题目对于项目评审、立项和批准都有直接的影响，申请人需要考虑以下几个方面的问题：

（1）题目要有新意、吸引人，读起来能让人有耳目一新的感觉。

（2）题目要反映实质内容，切忌夸大和吹嘘。

（3）用词要高度浓缩，也不能过少，以避免产生歧义。

（4）题目要反映项目的创新点、研究目的和研究意义。

（5）一般不用英文缩写词，要让同行专家都能明白。

（6）题目大小和难易程度要适当。

第二节　国家自然科学基金项目概述

一、科学基金网络信息系统登录平台

（一）用户注册和登录

申报国家自然科学基金项目，申请人应通过所属科研机构在国家自然科学基金委员会的"科学基金网络信息系统"进行注册，经所在科研机构同意才能申报。国家自然科学基金委员会不接受个人直接提交的申请书。

科学基金网络信息系统在不断发展完善中，每年都可能发生变化，本章采用 2023 年版《项目指南》和申报系统进行说明。进入科学基金网络信息系统，按照申请时注册的账号、密码和实时验证码登录（见图 3.2），即可进入用户项目管理界面（见图 3.3）。

账号登录
(Account Login)

短信登录
(SMS Login)

登录账号 (Account)

登录密码 (Password)

验证码 (Verification Code)   Ep3Xuh

登录 (Login)   忘记密码

图 3.2　用户登录界面

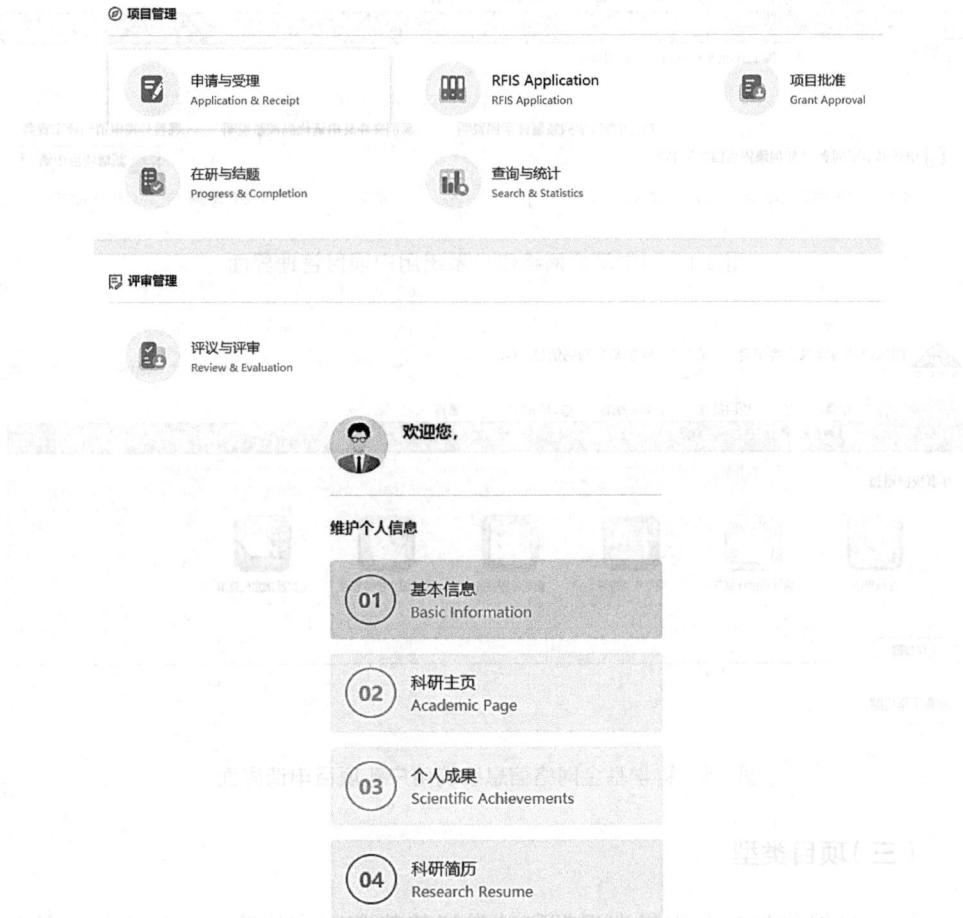

◎ 项目管理

申请与受理
Application & Receipt

RFIS Application
RFIS Application

项目批准
Grant Approval

在研与结题
Progress & Completion

查询与统计
Search & Statistics

评审管理

评议与评审
Review & Evaluation

欢迎您，

维护个人信息

01　基本信息
　　Basic Information

02　科研主页
　　Academic Page

03　个人成果
　　Scientific Achievements

04　科研简历
　　Research Resume

图 3.3　用户项目管理界面

（二）项目的线上申请

点击"申请与受理"，界面提醒"先生成个人简历"，创建个人简历。如果你已填报，可选"忽略"。

完成个人简历填写后，点击"在线申请"（见图3.4），进入申请书填写界面（见图3.5）；点击"新增项目申请"，查看项目申请说明，下载正文报告、预算申请表等，然后可以线下写作正文报告、预算申请表、参与人简历等。

上述材料准备就绪后，按照规定和提示填写、上传有关材料。

图 3.4　科学基金网络信息系统用户项目管理界面

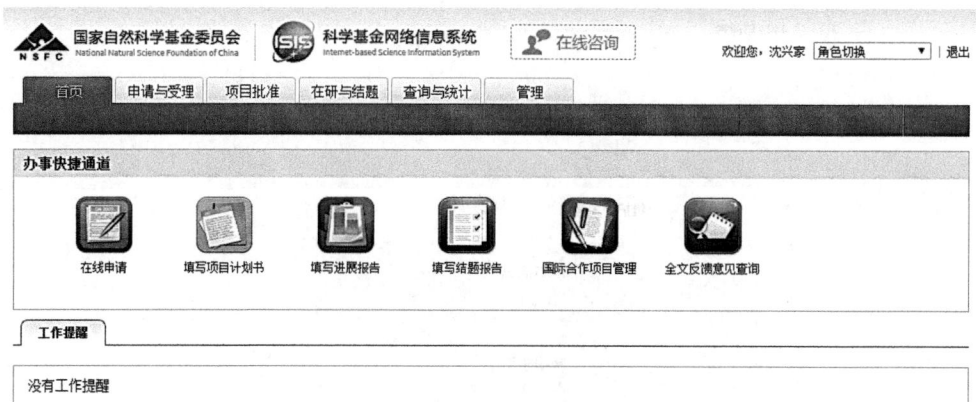

图 3.5　科学基金网络信息系统用户新项目申请界面

（三）项目类型

国家自然科学基金委员会根据科技发展趋势和国家战略需求设立相应的项目类型，经过不断优化调整，形成了结构合理、功能完备的资助体系。国家自然科学基金委员会资助以下各类项目：

（1）面上项目；

（2）重点项目；

（3）重大项目；

（4）重大研究计划项目；

（5）国际（地区）合作研究与交流项目；

（6）青年科学基金项目；

（7）优秀青年科学基金项目；

（8）国家杰出青年科学基金项目；

（9）创新研究群体项目；

（10）地区科学基金项目；

（11）联合基金项目；

（12）国家重大科研仪器研制项目；

（13）基础科学中心项目；

（14）专项项目；

（15）数学天元基金项目；

（16）外国学者研究基金项目。

（四）学科领域代码

在科学基金网络信息系统中填报项目申请时，要根据项目的研究领域和方向，选择合适的科学部和学科。国家自然科学基金委员会分为以下9个科学部：A. 数学物理科学部；B. 化学科学部；C. 生命科学部；D. 地球科学部；E. 工程与材料科学部；F. 信息科学部；G. 管理科学部；H. 医学科学部；T. 交叉科学部。

各科学部下面分为不同的学科，如生命科学部包含21个学科领域（见表3.2）。交叉科学部是近年新增的科学部，包括物质科学、智能与智造、生命与健康、融合科学4个领域。

以畜牧学为例，在"申请代码1"项，点击"C. 生命科学部"前的"+"；选择"畜牧学"，按照最符合的原则，选择C1705动物营养学。然后，在"申请代码2"项，选择次接近的学科和领域。其他学科用同样的方法选择学科代码。

表 3.2　生命科学部 21 个学科领域

序号	学科领域	序号	学科领域
1	微生物	12	发育生物学与生殖生物学
2	植物学	13	农学基础与作物学
3	生态学	14	植物保护学
4	动物学	15	园艺学与植物营养学
5	生物物理与生物化学	16	林学与草地科学
6	遗传学与生物信息学	17	畜牧学
7	细胞生物学	18	兽医学
8	免疫学	19	水产学
9	神经科学与心理学	20	食品科学
10	生物材料、成像与组织工程学	21	分子生物学与生物技术
11	生理学与整合生物学		

　　不论是科学部、学科领域代码，还是填报方式均应以申报当年的国家自然科学基金委员会通知和科学基金网络信息系统提示为准。

二、申请前的准备

（一）阅读项目指南

　　申请人在申请书写作前，应详细阅读国家自然科学基金委员会最新发布的《项目指南》，了解相关规定和要求。从《项目指南》发布到申请书提交的时间较短，为提早准备基金项目申请书，可先参考上年的《项目指南》进行相关准备，等当年的《项目指南》发布后再按照新的指南进行修改或调整。

　　国家自然科学基金委员会对项目申请人有详细的规定和要求，申请人应当先详细阅读相关规定。

（二）注册账户

　　注册申报账户，登录科学基金网络信息系统，查看各项内容说明，为后面的填报和正文写作等做好技术准备。

（三）确定项目的研究方向

根据自己的知识背景、研究基础、研究条件和人员队伍等，选择适合的研究方向，确定科学部、学科和领域。

（四）广泛查阅文献

研究方向确定后，要广泛查找相关文献并仔细阅读，对要引用的文献必精读，以了解领域进展，发现问题与不足，找出拟申报基金项目的科技问题。

（五）确定项目名称

根据文献查阅结果，结合自身研究基础和研究条件，草拟一个项目名称。项目名称应当具有下列特征：

（1）符合指南资助范围，属于基础研究或解决关键技术背后的科学问题；

（2）立意新颖，引人注目，要让人感觉耳目一新；

（3）应反映创新点、主要内容和研究目的；

（4）体现科学意义或价值；

（5）简洁明了，避免产生歧义；

（6）英文题目要符合英语阅读习惯。

为此，申请人要向专家请教，团队内展开讨论；还可以从国家自然科学基金委员会网站查找近年资助项目，以避免重复。

（六）确定参加人员

面上项目要有研究团队，除了申请人，建议至少有 1～2 名科技人员，外加 2～3 名研究生。高级职称人员可申请和承担的项目总数受限，需要加以注意。

青年科学基金项目申请时不要求填报研究团队。

（七）预算编报

申请人只需要编报直接费用预算，间接费用预算由依托单位单独核算。

1.编制内容

科学基金项目资金管理分为包干制和预算制。除重大项目和国家重大科研仪器研制项目外，其他项目都是定额补助式资助。

（1）包干制项目无须编制预算，项目资金管理使用按照《资金管理办法》和依托单位制定的包干制内部管理规定执行。项目资金由项目负责人自主决定使用，按照直接费用和间接费用的开支范围列支，无须履行调剂程序。

（2）预算制项目结合平均资助强度，按照研究实际需要合理填写各科目预算金额。申请人填写《项目预算表》《预算说明书》，各预算科目如下。

设备费：项目实施过程中购置或试制专用仪器设备、对现有仪器设备进行升级改造、租赁外单位仪器设备而发生的费用等。应严格控制设备购置费用。

业务费：项目实施过程中消耗的各种材料、辅助材料等低值易耗品的采购、运输、装卸、整理等费用；发生的测试化验加工、燃料动力、出版、信息传播、会议差旅、国际合作与交流等费用。

劳务费：项目实施过程中支付给参与项目研究的研究生、博士后、访问学者，项目聘用的研究人员、科研辅助人员等的劳务性费用，以及支付给临时聘请的咨询专家的费用。

2.预算说明书

《预算说明书》是对项目预算表中各科目预算所做的必要说明，以及对合作研究单位资质、资金外拨、自筹资金等情况进行的必要说明。

在计划书填报阶段，直接费用总额不应超过批准的直接费用预算总额，各科目金额原则上不应超过申请书各科目金额。

在项目执行过程中，除设备费用预算调整需报依托单位审批外，劳务费和业务费调剂可由项目负责人根据科研活动需要自主安排。

第三节　国家自然科学基金项目申请书的写作

一、科学问题属性

（一）科学问题属性的类型

从 2020 年开始，国家自然科学基金面上项目试点开展基于四类科学问题的分类评审，2021 年开始面上项目和青年科学基金项目实行分类评审。

科学问题属性分为以下四类。

（1）鼓励探索，突出原创。科学问题源于科研人员的灵感和新思想，且具有鲜明的首创性特征，旨在通过自由探索产出从无到有的原创性成果。

（2）聚焦前沿，独辟蹊径。科学问题源于世界科技前沿的热点、难点和新兴领域，且具有鲜明的引领性或开创性特征，旨在通过独辟蹊径取得开拓性成果，引领或拓展科学前沿。

（3）需求牵引，突破瓶颈。科学问题源于国家重大需求和经济主战场，且具有鲜明的需求导向、问题导向和目标导向特征，旨在通过解决技术瓶颈背后的核心科学问题，促使基础研究成果走向应用。

（4）共性导向，交叉融通。科学问题源于多学科领域交叉的共性难题，具有鲜明的学科交叉特征，旨在通过交叉研究实现重大科学突破，促进分科知识融通发展为完整的知识体系。

（二）科学问题属性写作要求

申请人应根据要解决的关键科学问题和研究内容，选择科学问题属性，并阐明选择该科学问题属性的理由。申请项目具有多重科学问题属性的，应当选择最相符、最侧重、最能体现申请项目特点的一类科学问题属性。

科学问题属性要思考在先、写作在后，即在正文写作前就开始思考所选项目科学问题属性的类型，在正文完成后写作。为了写好科学问题属性，应做到：①充分了解本领域研究现状、存在的问题和发展趋势；②了解国家重大技术需求和技术瓶颈背后的科学问题；③明确本项目拟解决的科学问题。

国家自然科学基金委员会提供了各类"科学问题属性案例说明"（用申请人账号登录科学基金网络信息系统），可供写作参考（见图 3.6 至图 3.9）。

面上项目案例：全球地表覆盖制图的有限样本稳定分类研究
1.申请人选择"鼓励探索，突出原创"科学问题属性的理由

全球地表覆盖制图是全球变化及相关研究的重要基础数据。其中，样本获取、迁移和应用是监督分类全球地表覆盖制图的核心技术之一。关于全球地表覆盖制图的训练样本量、样本分布与制图精度关系，一直都是经验性、定性判断。

用数学理论或统计方法定量研究样本，大多集中在验证样本的采样方案、验证样本的评价精度等方面。同时监督分类要使用复杂多样的算法，训练样本与分类精度的量化关系不那么直接和明确。

为了更好地理解样本获取和迁移中的问题本质和应用边界，本研究通过理论分析和大量实验比较，更加明确量化地解释样本量、样本分布与分类精度的关系问题，为全球地表覆盖制图的样本采集、扩展和迁移应用提供基础支持。

图 3.6 面上项目科学问题属性——"鼓励探索，突出原创"案例

面上项目案例：21世纪中国地表风速变化及其对风能生产的影响机制
1.申请人选择"聚焦前沿，独辟蹊径"科学问题属性的理由

风能是正在快速发展的可替代传统化石燃料的清洁能源，其开发利用是实现人类社会可持续发展的重要途径，且具有广阔的市场前景。地表风速变化将严重影响风力涡轮机的发电效率，其变化的不确定性是全球风能产业面临的重大挑战。

本项目聚焦21世纪中国地表风速变化及其对风能发电的影响，通过融合多源观测数据和新一代地球系统模型，研究中国地表风速时空变化的特征，改进模型对地表风速的模拟，分析控制中国地表风速年代际波动的动力机制，预测未来一定时期内中国地表风速的变化并分析其对中国风能发电的影响。

本课题将为我国风电产业的长远规划与健康发展提供科技支撑，保障我国切实有效地通过风能替代传统化石燃料达到缓解并控制全球气候变化的目的。

尽管已有大量中国地表风速变化的科研成果，但是大部分研究都侧重于早期的中国地表风速下降，缺乏对21世纪中国地表风速变化及其机制的系统研究。本项目具有鲜明的引领性和开创新特征，属于"聚焦前沿，独辟蹊径"。

图 3.7 面上项目科学问题属性——"聚焦前沿，独辟蹊径"案例

面上项目案例：智慧燃煤发电系统多层次自学习协同最优控制

1.申请人选择"需求牵引，突破瓶颈"科学问题属性的理由

能源问题是我国发展面临的挑战与重大需求，研发新一代燃煤发电系统智能协调控制新技术，提高管理品质，对智能电网和智慧电厂的发展具有重大价值和现实意义，也是推动电力产业智能化进程，带动产业升级的重要举措。

目前，燃煤发电控制系统存在的瓶颈问题包括发电系统建模不精确、机炉协调控制不能满足灵活发电需求、锅炉效率与污染物排放优化不足、汽水系统中汽包水位控制不准确等。

该项目拟通过贝叶斯网络等技术建立机炉协调系统、锅炉燃烧系统等系统神经网络控制模型；建立机炉多层次协同最优控制和机炉鲁棒自适应动态规划自学习最优控制方案；建立多目标锅炉燃烧子系统自学习最优控制方案，进一步构建汽水系统和汽轮机阀门自适应动态规划协调最优控制方案；建立燃煤发电控制系统自学习最优控制测试平台。

该项目针对燃煤发电控制的实际需求，以解决技术瓶颈性问题为目标，致力于推动电力产业的智能化进程，符合"需求牵引，突破瓶颈"属性。

图 3.8 面上项目科学问题属性——"需求牵引，突破瓶颈"案例

面上项目案例：富CO_2流体混合物在多组分电解质水溶液中的溶解度和体积性质的计算 模拟及应用

1.申请人选择"共性导向，交叉融通"科学问题属性的理由

面向国家需求：近年来，CO_2捕获与储存（CCS）逐渐成为学界关注的重要科学问题，而深部咸水层因封存储量大被视为CO_2封存的最佳选择之一。当富CO_2流体混合物注入到深部咸水层后，富CO_2流体处于超临界状态，上浮于咸水层上方，形成气一液两相流体。在一定的温度、压力和盐度下，查明富CO_2流体在咸水层中的溶解度、体积变化，以及后期富CO_2流体混合物的再注入量，是回答这一复杂科学问题的关键。

鲜明多学科交叉特征：要解决该问题，首先，了解富CO_2流体混合物的体积和相平衡性质；其次，了解富CO_2流体混合物在CCS条件下的溶解度；最后，了解单相多组分气一水一盐体系的体积和密度。这些问题涉及计算机科学、化学、物理学和地质学的交叉，只有具有扎实的物理化学热力学基本功、熟练的计算机编程能力以及良好的深部地质学知识，才能顺利完成预定研究目标。

图 3.9 面上项目科学问题属性——"共性导向，交叉融合"案例

根据基础研究发展的新形势和新要求，2024 年国家自然科学基金委员会进一步优化了分类申请与评审模式，将四类科学问题属性简化为"自由探索类基础研究"和"目标导向类基础研究"两类研究属性。"自由探索类基础研究"是指选题源于科研人员好奇心或创新性学术灵感，且不以满足现阶段应用需求为目

的的原创性、前沿性基础研究;"目标导向类基础研究"是指以经济社会发展需要或国家需求为牵引的基础研究。

除重大研究计划项目、国际(地区)合作研究与交流项目、外国学者研究基金项目、数学天元基金项目和专项项目中的科技活动类项目外,其余类型项目的申请人应当根据申请书研究内容选择一类研究属性。

二、项目摘要

项目摘要是申请书的全面概括和高度浓缩。项目摘要限 400 字以内,超过 400 字时不能输入。因此,摘要写作时,要尽可能做到以下几点:

(1)逐字逐句斟酌、凝练,呼应题目;

(2)应包含大多数关键词,体现创新性和可行性;

(3)重点叙述主要研究内容与创新点、预期结果及其科学意义与应用价值,对研究背景和目的、意义则可以高度概括;

(4)使用学术语言,语句通顺、语气坚定、层次分明、逻辑性强;

(5)必须实事求是,避免空话和吹嘘,杜绝错别字;

(6)英文摘要应与中文摘要完全对应,避免翻译不当甚至错误。

例 3.1:国家自然科学基金面上项目"家蚕蛹期滞育关联基因的鉴定及功能研究"申请书摘要。

滞育对昆虫生命的维持和种群发展有着不可或缺的作用。本项目利用家蚕二化性品种子代滞育性受亲代胚胎期环境条件调控的原理和蛹期 3d 卵母细胞对滞育激素最敏感的特点,以二化性品系"秋丰"活化越年卵为材料,采用 17℃暗催青为试验组和 25℃明催青为对照组进行对比研究,孵化后在室温 25～26℃和相对湿度 70%～85% 的条件下常规饲养,至蛹期 3d 解剖卵巢组织进行高通量测序。并利用生物信息学方法查找差异表达显著基因,初步筛选滞育关键候选基因;利用 qPCR、Southern blot 和 Western blot 技术分析候选基因的时空表达特性;利用 CRISPR/Cas9 系统,结合早期胚胎显微注射转基因技术等,靶向编辑候选基因,分析 G_0 和 F_1 代表型,验证滞育关键基因的功能,从而完善家蚕滞育分子调控网络,为阐明家蚕滞育分子机制提供实验数据。研究结果将为家蚕育种提供理论依据，也为农林害虫防治新途径研究提供借鉴。

关键词：滞育；胚胎发育；化性；代谢生理；家蚕

Keywords: diapause; embryonic development; voltinism; metabolic physiology; *Bombyx mori*

三、正文报告

不论是重点项目、面上项目，还是青年科学基金项目和地区科学基金项目，科学基金网络信息系统每年均提供新的"申请书撰写提纲"，并要求参照提纲撰写，做到内容翔实、清晰，层次分明，标题突出。

大多数青年科技人员的第一个国家自然科学基金项目为青年科学基金项目，其正文格式与面上项目基本一致。下面以例 3.1 国家自然科学基金面上项目"家蚕蛹期滞育关联基因的鉴定及功能研究"为例，介绍申请书的写作。

（一）立项依据与研究内容（建议 8000 字以下）

1. 项目的立项依据

项目的立项依据一般分为研究意义、国内外研究现状与进展、科学问题的提出与研究思路等几部分进行写作，并要求附上主要参考文献目录。

（1）研究意义

简要介绍项目背景、项目科学问题的由来，为何开展本项目研究，研究结果对于本领域（学科）和产业的意义。

有些申请人不介绍项目背景，直接写研究意义，那样就有点突兀，可能给评审专家审阅带来麻烦；有些申请人习惯于把研究意义置于"项目的立项依据"部分的最后，这也是允许和合理的。

（2）国内外研究现状与进展

详细阐述国内外研究现状和发展趋势，阐述一定要有主线，且分层次（小标题），即先宽泛（全面）后聚焦（主题）。按照主线引用文献，层次分明，深入分析，并且要有逻辑性。要避免参考文献或他人研究过程的堆砌，要从本质上阐述该领域的研究历程和进展。通过分析，找出本领域研究中存在的问题，顺势引出本项目需要解决的科学问题。

引用参考文献要新、要全面，避免遗漏重要文献，尤其是最近1~2年的高水平文献。建议正文中参考文献采用"著者–出版年制"，便于评审专家快速了解文献作者和内容等。

（3）科学问题的提出与研究思路

这部分的写作智者见智，可以是"科学问题的由来与研究设想"或"本课题的切入点与思路"等，也可以不单独列出。

在国内外研究进展的阐述和分析的基础上，自然引出本项目拟解决的科学问题；或在前期研究的基础上，提出一个合理的科学假设，然后，在这里简要说明解决这一科学问题的途径和方法，以及主要意义。

根据前人的研究结果，结合自身前期研究的基础，分析、提出一个科学假设或科学问题。这个科学假设或问题的提出，必须是科学的、严谨的，有较充分的理由和依据。或者根据上述假设或科学问题，简要说明如何开展研究，证明此假设或解决科学问题，然后，简要说明研究的必要性即意义。

（4）参考文献

科研项目申请书中的参考文献，与科技论文参考文献一样，体现申请人对本领域国内外研究的发展趋势的掌握情况，本项目科学假设或问题的科学性、合理性。因此，写作时应注意参考文献的时效性、权威性和引用数量，既要引用国际顶级期刊最新的文献，也要注意引用中文核心期刊的最新文献，特别是本领域国内著名专家及其团队发表的论文。同时，也要引用自己和团队发表的相关文献，这也是项目研究基础的重要体现。

参考文献列于"项目的立项依据"的最后，著录格式应与正文相对应，可以采用顺序编码制，也可以采用著者–出版年制。但是，从专家评审的角度考虑，著者–出版年制更便于专家了解。著录参考文献时，不要出现低级错误，如作者姓名前后位置、作者排序错误等。引用自己或团队发表的文献时，特别需要注意原文的作者排名、共同第一作者、通讯作者的标注等，否则可能造成不必要的误解，更不能随意更改，以免"学术不端"之嫌。

2.项目的研究目标、研究内容，以及拟解决的关键科学问题

此部分为重点阐述内容，应详细阐述项目的研究内容、研究方案，有明确

的研究目标，拟解决的关键科学问题。

（1）研究目标

可以将"研究目标"置于本部分的最前面，也可以放在第二部分。用一段话，说明本项目研究需要实现的目标或解决什么样的科学问题。研究目标是解决关键科学问题，而不是发表论文、申请发明专利或培养研究生。

以下是一般格式，可供参考。

针对_____的问题，采用_____的方法，研究_____与_____的关系，揭示_____的规律/阐明（建立）_____的机制（模型）。

例 3.1 项目的研究目标如下。

滞育对昆虫生命的维持和种群发展有着不可或缺的作用，鳞翅目重要模式昆虫家蚕滞育分子机制的研究具有重要的理论和实际意义。本项目利用家蚕二化性品种子代滞育性受亲代胚胎期环境条件调控的原理，通过控制胚胎期环境条件，建立家蚕滞育分子机制研究的生物模型。根据蛹期 3d 卵母细胞对滞育激素最敏感的特点，对 17℃ 暗催青和 25℃ 明催青蛹期 3d 卵巢转录组进行高通量测序，查找滞育相关基因，构建基因间的调控网络；深入解析调控网络中转录因子和调控因子及其结构与功能；利用 CRISPR/Cas9 系统等分析关键基因的功能，完善家蚕滞育的分子调控网络，为阐明家蚕滞育分子机制积累实验数据。

（2）研究内容

简要阐述本项目的研究内容。面上项目研究内容不宜太少，一般列 5 ～ 6 条，青年科学基金项目研究内容不宜太多，一般列 3 ～ 4 条。

例 3.1 项目的研究内容如下。

（1）以家蚕二化性品种"秋丰"活化越年卵为材料，分别采用 17℃ 暗催青和 25℃ 明催青，建立家蚕滞育分子机制研究模型，制备实验材料。

（2）对 17℃ 暗催青和 25℃ 明催青蛹期 3d 卵巢转录组进行高通量测序，利用生物信息学方法分析查找差异表达显著基因、GO（geneontology）分析注释基因功能、KEGG 分析基因信号通路，研究滞育过程中诱导、启动及维持等阶段的关键基因以及基因间的相互关系，构建基因间的调控网络；深入解析调控网络中转录因子和调控因子及其结构与功能。

（3）利用 qPCR、Southern blot 和 Western blot 技术等分析差异基因表达的时空特点，以及差异基因在二化性品种胚胎期不同催青条件（17℃暗催青和25℃明催青）和不同化性（一化、二化和多化）品系中的表达水平，初步验证这些差异表达基因与滞育的关系。

（4）克隆若干滞育关联基因启动子，利用家蚕细胞瞬时表达系统，体外分析其表达调控特点，为阐明基因功能提供辅助依据。

（5）探索利用 RNAi 技术，在个体水平验证若干滞育关联重要基因的功能，完善家蚕滞育的分子调控网络。

（6）利用 CRISPR/Cas9 系统核酸编辑酶，结合显微注射家蚕转基因技术，靶向编辑滞育关联重要基因或信号通路关键基因，检测 G_0 和 F_1 代表型和目标基因表达情况，验证目标基因的功能，初步明确家蚕蛹期滞育关联的主要基因及其信号通路，为阐明家蚕滞育分子机制提供依据。

（3）拟解决的关键科学问题

这部分的写作一般应简要阐述研究背景，自然地引出要解决的关键科学问题。每条科学问题都要给出小标题，但是不宜只列出小标题，要有适当的描述，说明为什么是关键科学问题，如何解决。

拟解决的关键科学问题不宜过多，青年科学基金项目一般为 1～2 个，面上项目一般为 2～3 个。

例 3.1 项目中拟解决的关键科学问题如下。

本项目拟解决的关键科学问题是家蚕蛹期哪些基因决定或参与了家蚕滞育的发生，它们如何发挥作用。

迄今对家蚕滞育分子机制的探讨主要集中在子代蚕卵滞育解除前后的碳水化合物代谢变化上，包括对滞育相关酶的研究。例如对家蚕卵巢膜结合海藻糖酶和山梨醇脱氢酶的研究，对滞育卵中起生物钟蛋白作用的酯酶 A4 的研究等；日本学者证实细胞外信号调节激酶 ERK、促分裂原活化蛋白激酶 MAPK 在滞育解除中起着调节作用。目前对亲代胚胎期环境条件包括温度和光照等如何诱导滞育发生机理的研究很少，对外界环境条件刺激如何调控滞育相关基因表达的机制还不明确。本项目拟从二化性家蚕胚胎期不同催青条件蛹期卵巢差异表达基因入手，明确主要有哪些基因或因子参与了家蚕胚胎滞育的决定和形成，以及这些基因在滞育中的作用，从而为阐释家蚕滞育分子机制提供帮助。

3.拟采取的研究方案及可行性分析

这部分应包括对研究方案、技术路线、实验手段、关键技术等的说明。不同的申请人有不同的写作方法和格式。常见的格式包括研究方法和实验手段、研究思路或技术路线（图）、关键技术等几个部分。

（1）研究方案

研究方案包括研究方法和实验手段，是研究内容的具体描述和实现途径，要按研究内容的几个方面组织材料、展开阐述，这是申请书的关键所在。要描述清楚本项目将如何开展研究，详细描述项目的研究思路、研究方法、实验手段（包括采用的装备、仪器、工艺、技术等），但是也不需要太详细。

①研究方法和实验手段

详细阐述本项目使用的主要研究方法。例3.1项目的研究方法如下。

1.蛹期 3d 转录组高通量测序

（1）高通量测序样品的制备

以二化性家蚕品系"秋丰"活化越年卵为材料，将每个卵圈（1个雌蛾与1个雄蛾交配后所产的全部蚕卵）一分为二，一半 17℃暗催青（提前 20 日），另一半 25℃明催青，设 3 个重复。孵化后在室温 25～26℃和相对湿度70%～85%的条件下常规饲养，至蛹期后逐日解剖取卵巢组织，–80℃保存备用，其中 3d 卵巢组织用于转录组高通量测序。

（2）蛹期 3d 转录组高通量测序

提取样品总 RNA，并用 DNase 消化 DNA 后，用带有 Oligo（dT）的磁珠富集 mRNA；加入打断试剂，将 mRNA 打断成短片段，以打断后的 mRNA 为模板，用 6 碱基随机引物合成第一链 cDNA，配制第二链合成反应体系，合成第二链 cDNA，并使用试剂盒纯化双链 cDNA；纯化的双链 cDNA 再进行末端修复，加A尾并连接测序接头，然后进行片段大小选择、PCR 扩增；构建好的文库用Agilent 2100 Bioanalyzer 质检合格后，使用 Illumina HiSeqTM 2000 测序仪进行测序（委托生物公司完成）。

2.转录组测序结果分析与滞育关键基因的筛选

（1）差异表达基因分析

根据测序结果和现有家蚕基因组数据库，分析17℃暗催青试验组和25℃明催青对照组的差异表达基因，以及基因GO分析和KEGG信号通路分析，考察差异表达基因集的生物学功能，进行生物功能富集分析，分析结果进行多重检验校正；根据基因功能集内部的基因交叠情况以及相应基因的蛋白相互作用，构建滞育相关功能基因集共表达网络。

（2）关键基因筛选

通过构建差异表达基因与KEGG信号通路的网络图，对网络节点和信号通路进行分析与过滤，检测到紧密连接的基因形成的modules，得到表达模式与样本具有高度相关性的一组基因。将得到的特异表达modules与样本信息联系起来，计算出modules与样本特征之间的相关性，构建特异表达modules基因网络。整合GO数据以及KEGG/Bio Carta通路数据，挖掘其生物学意义，初步筛选获得家蚕滞育关联关键基因。

3.滞育关键基因时空表达特性分析

利用qPCR、Southern blot和Western blot技术，分析蛹期3d差异表达基因在二化性品种不同催青条件（17℃暗催青和25℃明催青）处理后不同发育时期和组织的表达水平；比较一化、二化和多化性品系蛹期3d差异表达基因的转录水平，进一步筛选潜在的滞育关联的基因。

4.细胞水平分析滞育关联基因启动子特性

根据测序结果，从家蚕基因组数据库分别获得滞育关联基因及其上游序列，设计引物，用PCR克隆该基因不同长度启动子片段（300bp～1000bp），并利用生物信息学方法分析启动子结构；构建启动子控制的报告基因 *luciferase* 表达载体，转染BmN细胞，用滞育激素等进行处理，比较报告基因表达差异，分析该基因启动子特性。

5.CRISPR/Cas9系统结合转基因技术验证基因功能

根据生物信息学方法和qPCR技术验证结果，选择滞育关联或信号通路关键基因；以家蚕二化性品种"秋丰"活化越年卵为材料，利用本研究小组的专利技术（ZL200810156042.9）制备转基因用"非滞育蚕卵"。同时，构建特异性Cas9核酸酶系统，利用显微注射转基因技术，将RNA介导的CRISPR/Cas9系统转入早期胚胎，切割基因组双链，诱导DNA修复（非同源末端连接和同源定向修复），获得DNA片段插入、删除或碱基替代的目标基因，产生基因突变家蚕个体；分析考察突变体的表型，利用Western blot技术检测基因表达情况，验证目标基因的功能，初步明确家蚕蛹期滞育关联的主要基因及其信号通路。

②技术路线（图）

技术路线是指通过什么途径（如何去做）实现上述研究目标。技术路线通常以框图或流程图的形式展示，可以是整个项目一个完整的路线图，也可以是一个研究内容一个路线图。

例3.1项目的技术路线图如图3.10所示。

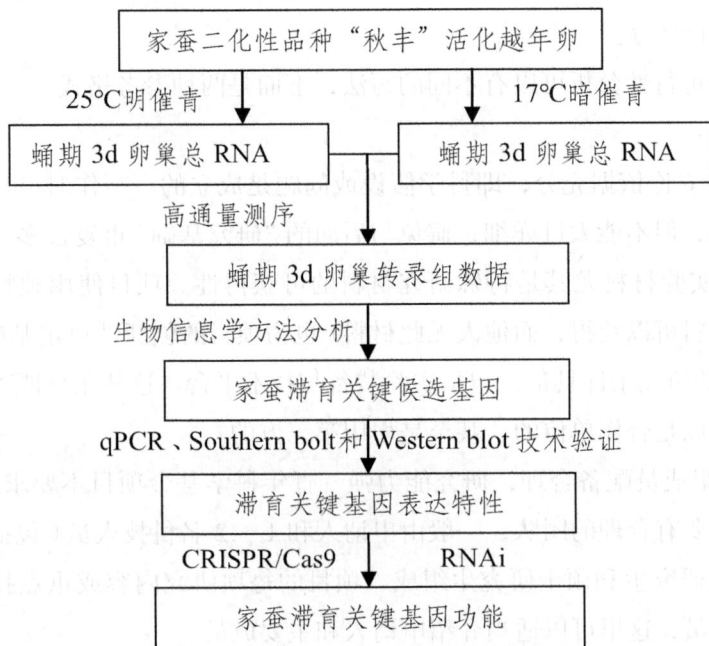

图 3.10　项目研究技术路线示意

技术路线图的要求如下：

· 体现整个项目的研究思路以及各部分之间的逻辑关系；

· 体现全部一级甚至二级内容，以及采用的主要方法；

· 最终要归结到需要解决的关键科学问题上；

· 框图和文字描述要协调一致，不能相互矛盾。

技术路线图经常出现如下问题：一是正文修改后研究内容发生变化，但是技术路线图没有做相应的调整；二是框图画得很复杂，但是最后没有归结到拟解决的关键科学问题上。

③关键技术

关键技术是指项目实施过程中存在的某些对项目实施具有重要的、关键的、决定性作用的技术。其一般隐含在技术路线图中。

是否单独列出关键技术，要看具体情况，如果存在制约项目完成或在项目实施过程中起关键性、决定性作用的技术，那就要单独列出，并说明为什么这些是关键技术，研究团队如何掌握这些关键技术等，以确保项目的顺利实施。如果项目采用的都是非常成熟、常用的技术方法，那就不需要单列关键技术。

（2）可行性分析

项目的可行性分析可以有不同的写法，下面是两种参考格式。

格式一：

•立项/立论依据充分，即科学假设或问题是成立的。写作时可适当包含前期工作基础，但不能太过详细，避免与后面的"研究基础"重复过多。

•关键实验材料尤其是特殊研究材料的可获得性。项目使用独特的研究材料，且该材料可以获得，而他人无此材料（也为项目的创新性奠定基础）。

•项目的研究条件具备，包括实验装备与技术平台。这些条件既可以是本单位的，也可以是合作单位的，甚至是租用第三方的。

•课题组成员配备合理，研究能力强。青年科学基金项目不要求组织团队，面上项目需要有合理的团队，一般由申请人和1～2名科技人员（包括博士后）、若干名博士研究生和硕士研究生组成。项目的每项研究内容或重点技术，应该有对应的人员，这里可以适当介绍申请人和主要成员。

格式二：

•项目的学术思想和研究思路具备可行性，即理论上可行。

•解决科学问题的方案、方法和技术路线可行。

•项目有良好的前期研究积累。

•研究团队具备完成项目的能力。

•项目具备相关的实验条件、仪器设备、图书资料等，即硬件可行。

•项目具备研究技术平台和对外合作交流渠道等，即软件可行。

4.本项目的特色与创新之处

项目的特色与创新之处可以分开写，也可以合起来写，没有明确要求。

写作时，要凝练出本项目的特色与创新之处，说明为什么是特色，为什么是创新。每个特色和创新点最好给出一个小标题，便于评审专家了解。创新点不宜过多，青年科学基金项目一般列 2 条，面上项目一般列 2～3 条。

例 3.1 项目的特色与创新之处如下。

本项目拟从二化性家蚕胚胎期不同催青条件蛹期卵巢差异表达基因入手，明确主要有哪些基因或因子参与了家蚕胚胎滞育的决定和形成，这些基因如何在滞育调控中发挥作用。

（1）利用家蚕二化性品种子代滞育性受亲代胚胎期环境条件调控的原理，以二化性品系"秋丰"活化越年卵为材料，分别设立 17℃暗催青试验组和 25℃明催青对照组，建立家蚕滞育分子机制研究生物模型。

（2）采用高通量测序技术对产滞育卵组和产非滞育卵组蛹期 3d 转录组进行测序分析，首次规模化查找与滞育相关的基因。

（3）在 qPCR、Southern blot 和 Western blot 技术检测的基础上，用 CRISPR/Cas9 系统结合显微注射转基因技术靶向编辑滞育关键基因，验证基因功能，完善家蚕滞育的分子调控网络，积累家蚕滞育分子机制实验数据，为家蚕育种提供理论依据，也为农林害虫的防治新途径研究提供借鉴。

5.年度研究计划及预期研究结果

（1）年度研究计划

国家自然科学基金项目规定，从申请的第 2 年 1 月 1 日起实施。因此，年度研究计划也必须从第 2 年开始，分年度列出每年 1—12 月的研究内容。

年度研究计划还应与研究内容、技术路线图等吻合和对应。青年科学基金项目实施周期为 3 年，面上项目为 4 年。

（2）预期研究结果

预期研究结果包括可能取得的学术成果、培养的青年人才和研究生，拟组织的重要学术交流活动、国际合作与交流计划等，应与研究内容尤其是创新点相对应。通常应包含以下内容：

①项目拟阐明的某个机制，或验证的科学假设，或建立新方法或模型；

②发表学术论文，出版著作，制定标准，编写教材；

③申请发明专利、软件著作权；

④拟组织或参加的国际、国内学术交流，开展的国际合作与交流计划；

⑤培养青年科技人才，博士后、博士研究生和硕士研究生等。

（二）研究基础与工作条件

1.研究基础

研究基础既可以是本项目研究内容的直接研究结果，也可以是与本项目相关的前期工作基础。通过这一部分的阐述，目的是让专家明白项目具有扎实的前期基础，不仅立项依据充分，而且还可以按期完成。

（1）前期工作基础

简要阐述与本项目相关的工作基础和历史积淀，但不要扯得太远，以免浪费专家过多的宝贵时间，甚至引起专家的反感。

（2）与本项目相关的前期工作基础

简要阐述属于本项目研究内容的直接结果，每一项结果都有一个小标题，充分利用图表直观展示，文字不要太多。

列出发表的相关论文、授权的专利或软件著作权、制定的标准等，表明项目研究基础扎实，与前面的"可行性分析"相呼应。

2.工作条件

工作条件不仅包括项目已具备的实验条件、尚缺少的实验条件和拟解决的途径，还包括利用国家实验室、国家重点实验室和部门重点实验室等研究基地的计划与落实情况。

要充分利用好国家重点实验室和部门重点实验室等研究基地平台仪器设备的优势，说明本项目所需的主要仪器设备条件已经具备。如果某些实验条件欠缺，则应说明解决途径，包括到合作单位做某些实验或利用开放实验室共享仪器设备或租赁仪器设备等，目的是让专家确信本项目具备实施条件。

3.正在承担的与本项目相关的科研项目情况

申请人和主要参与者正在承担的与本项目相关的科研项目情况，包括国家自然科学基金项目和国家其他科技计划项目，要注明项目的资助机构、项目类别、批准号、项目名称、获资助金额、起止年月、与本项目的关系及负责的内容等。

4.完成国家自然科学基金项目情况

对申请人负责的前一个已资助期满的科学基金项目（项目名称及批准号）完成情况、后续研究进展及与本申请项目的关系加以详细说明。另附该项目的研究工作总结摘要（限 500 字）和相关成果详细目录。

（三）其他需要说明的情况

（1）申请人同年申请不同类型的国家自然科学基金项目情况（列明同年申请的其他项目的项目类型、项目名称，并说明与本项目之间的区别和联系）。

（2）具有高级专业技术职务（职称）的申请人或者主要参与者是否存在同年申请或者参与申请国家自然科学基金项目的单位不一致的情况；如存在上述情况，列明所涉及人员的姓名，申请或参与申请的其他项目的项目类型、项目名称、单位名称、上述人员在该项目中是申请人还是参与者等，并说明单位不一致的原因。

（3）具有高级专业技术职务（职称）的申请人或者主要参与者是否存在与正在承担的国家自然科学基金项目的单位不一致的情况；如存在上述情况，列明所涉及人员的姓名，正在承担的项目的批准号、项目类型、项目名称、单位名称、起止年月等，并说明单位不一致原因。

（4）其他。

如果没有上述 1～3 项所列需要说明的情况，则在每一问题下面写上"无"，不能空缺；如果有某一项，则应实事求是填写。

至此，国家自然科学基金项目正文报告初稿写作完成，接下来要做的是反复修改、打磨。要让评审专家认为这个项目必须做，而且必须由你来做，至少你是可以很好地完成该项目的。

四、申请人和主要参与人简历

申请人简历格式和参与人简历格式相同，但是这并不代表格式永远不变，务必要按照申请当年科学基金网络信息系统提供的模板填写。以下是 2022 年的格式。

除非特殊说明，请勿删除或改动简历模板中蓝色字体的标题及相应说明文字

×××（申请人/参与者）简历

  工作单位   所在部门   技术职称

教育经历：

  （从大学本科开始填写，时间倒序）

博士后工作经历：

科研与学术工作经历（博士后工作经历除外）：（时间倒序）

曾使用其他证件信息：

近五年主持或参加的国家自然科学基金项目/课题：

近五年主持或参加的其他科研项目/课题（国家自然科学基金项目除外）：

代表性研究成果和学术奖励情况：

五、在线填报流程

（一）填报流程

申请人登录科学基金网络信息系统个人账户，完善个人信息，添加个人成果；然后逐项填报，上传正文报告、经费预算表、申请人和主要参与者的简历，以及规定的附件等（见图 3.11）。

（二）选择申请代码

前面我们介绍了国家自科基金项目的科学部和申请代码，在线填报时要选择第 1 申请代码和第 2 申请代码。根据自己的研究基础和项目的研究内容，选择最符合的科学部和领域作为项目申报领域。

01	02	03	04	05	06
完善个人信息	添加个人成果	选择资助类别	填写申请信息	加入项目成员	上传附件
更新您的个人信息，生成个人简历，方便您更好地完成项目申请书	添加与本项目相关的负责人（申请人）研究成果	在项目申请入口选择资助类别	遵循基金委项目填报要求，填写项目申请材料	加入项目组成员，发送邮件通知；方便、快捷地上传科研简历	按撰写提纲的要求上传附件

用户角色：项目申请人、负责人　在线填写 → 检查提交

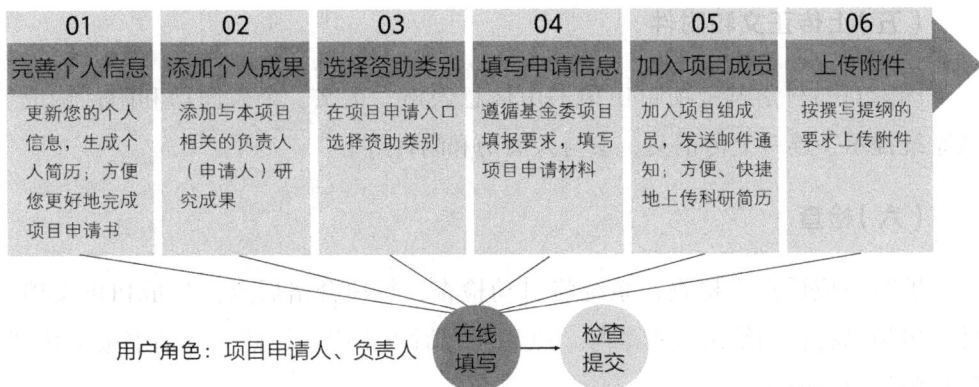

图 3.11　国家自然科学基金项目在线填写流程

实际上，在申请书写作前，就应该确定申请领域，选择申请代码。如果选择的科学领域申请代码有调整，则应按最新的代码填报。

申请代码既体现了你的学术圈子所在的学科，也决定了你的基金申请的受理科学部和管理处，在一定程度上也决定了会议评审的主审专家。

（三）选择关键词

科学基金网络信息系统中，每个研究领域都有关键词库，要尽可能地从该词库中选择关键词，并注意关键词的先后顺序。第一个关键词不宜太宽泛，以免错过小同行专家。

关键词的选择也非常重要，这关系到你的基金申请书发送给哪些专家去网评，因为网评专家库中，每一个关键词对应着一批专家。

英文关键词必须与中文关键词对应。

（四）填写摘要

项目摘要是评审专家必看的内容，必须认真写作。要理直气壮地告诉专家，你要做什么研究，为什么做这项研究，如何做这项研究，创新点是什么，文字要精炼，语气要坚定自信。英文摘要应与中文摘要对应，并尽量体现你优秀的英文水平。

（五）上传正文和附件

国家自然科学基金项目申请书由信息表格、正文、个人简历和附件构成。按系统提示，逐一上传正文、参与人简历和附件等。

（六）检查

填写完成后点击检查，系统将自动检查，每项合格后点击生成PDF文档，此时申请书将自动给出版本编号，查看无误后点击提交，此时申请书被上传到依托单位的管理部门。

依托单位的管理部门进行审核，不符合的申请书被退回，修改后再上传、审核；审核通过后，打印1份，其中的签字页打印2份，申请人和参与者在签字页签名。2020年后国家基金委采用无纸化申报，1份申请书由所在单位存档，另1份连同签字页，在项目获批后与计划任务书一起，由依托单位的管理部门提交给国家基金委对应的科学部或管理处。

其他类型的纵向科研项目申请书的写作，除了格式有差异外，主要内容基本一致。一般包括题目、研究背景（研究意义、国内外研究进展和发展趋势分析）、科学问题的由来、研究内容、技术路线、创新点、预期成果等。

横向科研项目，一般由委托单位就某一科学问题或技术方法或产品设计、工艺参数等委托给受托单位进行研究，其格式多样。

六、科研项目立项应具备的条件

（一）科研项目申请书的基本要求

不同的科研项目，申请书或立项报告的格式和写作要求也不同，但是各类科研项目都有一些共同的基本要求。

（1）研究内容符合指南规定范围。

（2）申请书结构完整，符合管理部门规定的格式要求。

（3）科研项目具有较强的创新性，符合国家或地方经济发展和学科发展的需要，解决产业技术关键瓶颈背后的科学问题，国家鼓励和支持原创性科研，即从0到1的研究。

（4）研究背景阐述客观清楚，自然引出项目研究的科学技术问题。

（5）研究内容恰当，目标明确，技术方法先进适用。

（6）文字表述清楚，逻辑严密，语句流畅，无错别字。

（7）实事求是，杜绝弄虚作假。

（二）一份优秀的国家自然科学基金项目申请书应具有的特征

一份优秀的国家自然科学基金项目申请书要经过几轮打磨，避免出现各种低级错误，充分展示自己的科研水平、学术严谨性和认真的态度。清华大学李艳梅老师在研究生导师班培训课中说过，一份优秀的国家自然科学基金项目申请书，应该充分展示出你的好的"点子、本子、面子"，要讲一个荡气回肠的故事，并一气呵成，让评审专家感觉到你的项目是在做正确的事，在正确地做事情，是正确的人在做事情，且实践证明（研究基础）是正确的。因此，一份优秀的国家自然科学基金项目申请书，应具备下列特征：

（1）把握科技发展前沿，有很好的项目立意；

（2）对存在的科学问题有很好的分析；

（3）对解决科学问题的方法有很好的论述；

（4）项目创新性突出；

（5）申请人受过良好的相关研究训练；

（6）项目有一定的前期基础；

（7）具备开展项目研究的设备条件。

（三）科研项目立项的基本条件

纵向科研项目申报的时效性很强，申请人必须在规定的截止时间之前完成申请书及必要附件的提交。申请人提交的纵向科研项目申请书，在管理部门形式审查合格后，就会被分配给同行评审专家进行评审，包括网上初评和会议评审。

一个纵向科研项目获得批准和资助，一般需要具备以下条件：

（1）研究内容符合指南规定范围；

（2）立项报告（申请书）结构完整；

（3）科学假设或问题成立，具有理论和实践意义；

（4）目标明确，技术路线可行，方法先进；

（5）项目有特色，创新性强；

（6）文字表述清楚，逻辑严密，语句流畅，无错别字；

（7）全部或大多数评审专家同意资助。

第四章

CHAPTER 4

发明专利申请书写作

【内容提要】本章介绍了专利的概念、历史和作用，专利申报、PCT 国际申请和审批程序；通过实例详细介绍了发明专利申请说明书和权利要求书等的写作。

第一节　专利概述

一、专利的概念和类型

（一）专利的概念

专利（patent）一词来源于拉丁语"litterae patentes"，意为"特许状"，即授予特许的法律文件，原指君主用来颁布某种特权的证明；现指一项发明创造的首创者所拥有的在一定区域范围和时期内受保护的独享权益。

专利是由政府机关或者代表若干国家的区域性组织根据申请和审核结果而颁发的一种特许权利文件，它记载了发明创造的内容，并且在一定时期内产生这样一种法律状态，即获得专利的发明创造在一般情况下他人只有经专利权人许可才能予以实施。

（二）专利的发展历史

专利作为知识产权的一种形式，受相关法律保护。1474年威尼斯城邦共和国颁布了世界上第一部具有近代特征的专利法，但是该专利法非常简单，带有浓厚的封建特权色彩。1624年英国颁布了《垄断法》，这是第一部具有现代意义的专利法，它明确了专利保护，规定向新产品的第一发明人授予专利证书，享有不超过14年的独占保护。

之后，欧洲各国相继颁布实施专利法。美国是较早实行专利制度的国家，其第一部专利法《美利坚合众国专利法》于1790年4月10日颁布，现行《专利法》于1952年制定，之后做过两次重大修订；1999年11月29日颁布《美国发明人保护法》。目前实行专利法的国家和地区达到170多个。

为了保护专利权人的合法权益，鼓励发明创造，推动发明创造的应用，提高创新能力，促进科学技术进步和经济社会发展，我国于1984年3月12日颁布了第一部《中华人民共和国专利法》(以下简称《专利法》),1985 年 4 月 1 日起施行,1992 年、2000 年、2008 年和 2020 年先后进行了 4 次修订。《专利法》实施以来,我国成功走出了一条中国特色知识产权发展之路,开启了全面建设知识产权强国的新征程。2012 年至 2021 年国家知识产权局累计授权发明专利 395.3 万件,年均增长 13.8%。截至 2022 年 9 月,我国发明专利有效数量为 408.1 万件。

(三)专利的类型和创新性要求

1.类型

专利分为 3 种类型,即发明专利、实用新型专利和外观设计专利。《专利法》第二条对发明、实用新型和外观设计做出了明确的定义。

发明,是指对产品、方法或者其改进所提出的新的技术方案。

实用新型,是指对产品的形状、构造或者其结合所提出的适于实用的新的技术方案。

外观设计,是指对产品的整体或者局部的形状、图案或者其结合以及色彩与形状、图案的结合所做出的富有美感并适于工业应用的新设计。

2.创新性要求

《专利法》第二十二条规定:授予专利权的发明和实用新型,应当具备新颖性、创造性和实用性。

新颖性,是指该发明或者实用新型不属于现有技术;也没有任何单位或者个人就同样的发明或者实用新型在申请日以前向国务院专利行政部门提出过申请,并记载在申请日以后公布的专利申请文件或者公告的专利文件中。

创造性,是指与现有技术相比,该发明具有突出的实质性特点和显著的进步,该实用新型具有实质性特点和进步。

实用性,是指该发明或者实用新型能够制造或者使用,并且能够产生积极效果。

《专利法》第二十三条规定:授予专利权的外观设计,应当不属于现有设计;也没有任何单位或者个人就同样的外观设计在申请日以前向国务院专利行政部门提出过申请，并记载在申请日以后公告的专利文件中。

授予专利权的外观设计与现有设计或者现有设计特征的组合相比，应当具有明显区别。

授予专利权的外观设计不得与他人在申请日以前已经取得的合法权利相冲突。

本法所称现有设计，是指申请日以前在国内外为公众所知的设计。

二、专利制度和授权专利的作用

（一）专利制度的作用

专利制度的作用包括如下四个方面：首先从法律上确认了科学研究、技术创新和艺术设计等科技创新成果的价值，激励了发明创造的积极性，促进了科技和经济社会发展；其次，通过授予发明创造专享权利，正确处理了国家、集体和个人三者之间的技术产权关系，调动了广大科技人员的积极性；再次，保证了技术商品的流通沿着规范化方向健康发展；最后，有助于提升国家自主创新能力，提高人民幸福感。

2014年3月25日，全国人大常委会副委员长陈竺在"中国专利法颁布30周年座谈会"上指出："30年来，随着专利法的深入贯彻实施，我国专利创造能力不断提升，特别是企业作为专利创造主体的地位进一步增强，出现了如华为、中兴、大唐电信这样高度重视专利战略的优秀企业。全社会的专利和知识产权意识有了显著提高。专利法的实施，为规范市场经济秩序，激励发明创造，促进对外开放和共享人类文明成果，提升自主创新能力，建设创新型国家，发挥了不可替代的作用。"[1]

（二）授权专利的作用

申请专利的意义在于，通过法定程序确定发明创造的权利归属关系，有效保护专利所有权人的发明创造成果在一定期限内能独享市场，有利于专利所有权人获取更多的经济利益。授权专利，可以增强企业的市场竞争优势，拥有专

---

[1] 陈竺. 在中国专利法颁布30周年座谈会上的讲话 [J]. 知识产权，2014（3）：1-4.

利技术可以提高企业的市场地位，有利于其在市场竞争中取胜；提高企业融资优势，也容易找到风险投资；拥有专利的企业有机会申请成为高新技术企业，可以获得政府的创新奖励与扶持，在税收、人才引进、贷款、关税等方面享受一定的优惠政策；拥有专利技术，有利于企业保持技术先进性，激发科技人员发明创造的积极性，增强销售人员对产品的自信，提高企业凝聚力。

当今世界，科学技术发展日新月异，成为经济社会发展的主要驱动力。随着经济全球化的深入发展，专利日益成为国家发展的战略性资源和国际竞争力的核心要素。党的十八大报告提出实施创新驱动发展战略。实施创新驱动，就是要依靠科技创新和知识产权保护，用市场手段进行创新资源的有效配置，引导创新要素流动，激发创新活力，将专利等技术能力转变为经济效益，推动创新成果有效应用，发挥创新对经济社会发展的促进作用。

三、专利的申请

《专利法》规定，国务院专利行政部门负责管理全国的专利工作；统一受理和审查专利申请，依法授予专利权。省、自治区、直辖市人民政府管理专利工作的部门负责本行政区域内的专利管理工作。

国家知识产权局网站对专利申请有详细的介绍指南，包括专利申请审批流程、专利申请相关事项介绍、审查过程中相关事项介绍、授权或驳回后相关事项介绍等。

（一）审批流程

发明专利申请的审批程序包括五个阶段，即受理、初步审查、公布、实质审查和授权；实用新型或者外观设计专利申请，在审批中不进行早期公布和实质审查，只有受理、初步审查和授权三个阶段（见图4.1）。

（二）专利申请相关事项

专利申请相关事项，这里只做简单介绍。国家知识产权局网站有详细的介绍，撰写和申请专利应查阅、下载最新文件。

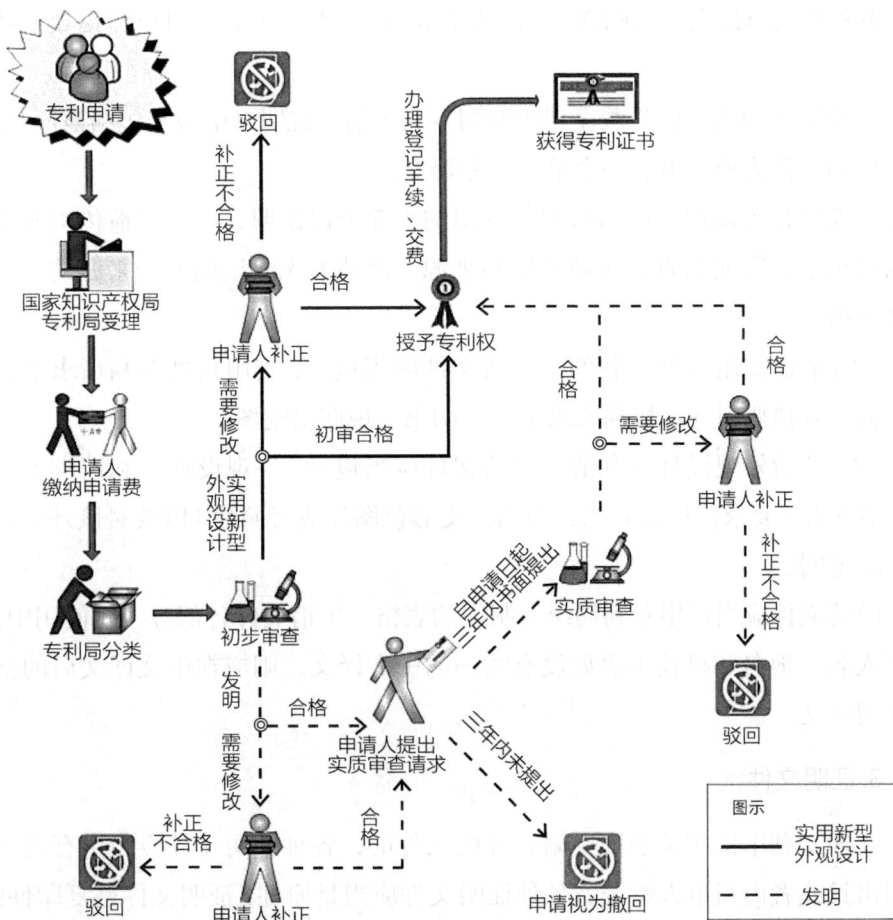

图 4.1　专利申请审批流程

（引自国家知识产权局网站，https://www.cnipa.gov.cn/art/2020/6/5/art_1517_92471.html）

1. 专利申请的提交形式

申请人应当以电子文件形式或者书面形式提交专利申请。

（1）以电子文件形式申请专利的，应当事先办理电子申请用户注册手续。

（2）以书面形式申请专利的，可以将申请文件及其他文件当面交到专利局的受理窗口，或寄交至"国家知识产权局专利局受理处"或专利局代办处。

2. 申请专利应当提交的申请文件

（1）申请发明专利的，申请文件应当包括：发明专利请求书、说明书摘要（必要时应当提交摘要附图）、权利要求书、说明书（必要时应当提交说明书附图）。

涉及氨基酸或者核苷酸序列的发明专利申请，说明书中应当包括该序列表，把该序列表作为说明书的一个单独部分提交。

涉及遗传资源的，应当对遗传资源的来源予以说明，并填写遗传资源来源披露登记表，写明其直接来源和原始来源。申请人无法说明原始来源的，应当陈述理由。

（2）申请实用新型专利的，申请文件应当包括：实用新型专利请求书、说明书摘要及摘要附图、权利要求书、说明书、说明书附图。

（3）申请外观设计专利的，申请文件应当包括：外观设计专利请求书、图片或者照片（要求保护色彩的，应当提交彩色图片或者照片）以及对该外观设计的简要说明。

申请文件应当使用专利局统一制定的表格。申请文件各部分一律使用中文。外国人名、地名和科技术语如没有统一的中文译文，则应在中文译文后的括号内注明原文。

3.证明文件

办理专利申请相关手续要附具证明文件的，各种证明文件应当由有关主管部门出具或者由当事人签署。各种证明文件应当是原件；证明文件是复印件的，应当经公证或者由出具证明文件的主管部门加盖公章予以确认。申请人提供的证明文件是外文的，应当附有中文题录译文。

4.签字或者盖章

提交的专利申请文件或者其他文件，应当按照规定签字或者盖章。

5.专利申请内容的单一性要求

一件发明或者实用新型专利申请应当限于一项发明或者实用新型。属于一个总的发明构思的两项以上的发明或者实用新型，可以作为一件申请提出。

一件外观设计专利申请应当限于一项外观设计。同一产品两项以上的相似外观设计，或者用于同一类别并且成套出售或者使用的产品的两项以上的外观设计，可以作为一件申请提出。

6. 委托专利代理机构

中国境内的单位或者个人可以委托依法设立的专利代理机构办理专利申请手续，也可以自行办理相关手续。

据国家知识产权局统计，截至 2021 年底，我国境内专利代理机构达到 3934 家，专利代理分支机构 2237 家，专利代理师人数超过 6 万人。

7. 专利申请的受理

专利局受理处或专利局代办处收到专利申请后，对符合受理条件的申请，将确定申请日，给予申请号，发出受理通知书。不符合受理条件的，将发出文件不受理通知书。一般在一个月左右可以收到专利局的受理通知书，超过一个月尚未收到专利局通知的，申请人应当及时向专利局受理处查询。

8. 申请日的确定

采用电子文件形式向专利局提交的专利申请以及各种文件，以专利局专利电子申请系统收到电子文件之日为递交日。

向专利局受理处或者代办处窗口直接递交的专利申请，以收到日为申请日；通过邮局邮寄递交到专利局受理处或者代办处的专利申请，以信封上的寄出邮戳日为申请日。

9. 申请费用与缴纳时间

（1）电子申请用户可登录网站（http://cponline.cnipa.gov.cn/）进行网上缴费。

（2）直接向专利局或专利局代办处缴纳专利费用。

（3）通过银行或邮局汇付专利费用。

申请人应当自申请日起两个月内或在收到受理通知书之日起 15 日内缴纳申请费。缴纳申请费需写明相应的申请号及必要的缴费信息。

10. 向外国申请专利前的保密审查

在中国完成的发明或者实用新型向外国或者向有关国外机构提交专利国际申请前，应当向专利局提出向外国申请专利保密审查请求。

保密审查请求有下列 3 种方式：

（1）以技术方案形式单独提出保密审查请求。

（2）申请中国专利的同时或之后提出保密审查请求。

（3）向专利局提交专利国际申请的，视为同时提出了保密审查请求，不需要单独提交保密审查请求书。

11.提交申请文件注意事项

（1）向专利局提交的各种文件申请人都应当留存底稿，以保证申请审批过程中文件填写的一致性，并可将此作为答复审查意见时的参照。

（2）申请文件是邮寄的，应当用挂号信邮寄。无法用挂号信邮寄的，可以用特快专递邮寄，不得用包裹邮寄申请文件。一封挂号信内应当只装同一件申请的文件。邮寄后，申请人应当妥善保管好挂号收据存根。

（3）专利局在受理专利申请时不接收样品、样本或模型。

四、PCT国际申请

专利合作条约（Patent Cooperation Treaty），简称PCT。按照PCT提出的申请称为PCT国际申请。关于PCT国际申请，这里只做简单介绍，更多内容可参见国家知识产权局网站。

（一）PCT国际申请的含义

PCT于1970年6月在美国华盛顿签订，1978年1月生效，同年6月实施。它是在专利领域进行合作的国际性条约，其目的是解决就同一发明创造向多个国家申请专利时，减少申请人和各个专利局的重复劳动。我国于1994年1月1日加入PCT，截止到2023年11月，PCT已有成员157个。中国国家知识产权局作为受理局、国际检索单位、国际初步审查单位，接受中国公民、居民、单位提出的PCT国际申请。

（二）申请人向国外申请专利的两种途径

目前，我国的申请人向国外申请专利的途径一般有两种。

（1）传统的巴黎公约途径。申请人应自优先权日起12个月内分别向多个巴黎公约成员方所在的专利局提交申请，并缴纳规定的费用。利用这种途径，申请人可能没有足够的时间去准备文件和筹集费用。

（2）PCT途径。申请人自优先权日起12个月内直接向指定的受理局（包括中国国家知识产权局）提交一份用中文或者英文撰写的PCT国际申请，确定了国际申请日后，则该申请在PCT的所有成员方具有正规国家申请的权力。

（三）国际申请日的效力

提交PCT国际申请的，由受理局确定国际申请日。国际申请在每个指定国内自国际申请日起具有正规国家申请的效力。国际申请日就是在每个指定国的实际申请日，对专利合作条约及其实施细则的有关规定做出保留的指定国除外。

（四）PCT国际申请的两个阶段

PCT国际申请，先要进行国际阶段程序的审查，然后再进入国家阶段程序的审查。申请的提出、国际检索和国际公布在国际阶段完成。如果申请人要求，国际阶段还包括国际初步审查程序。是否授予专利权的工作在国家阶段由被指定的各个国家的专利局完成。

1.国际阶段程序

（1）PCT国际申请资格

申请人满足以下条件之一的，即可向中国国家知识产权局提出PCT国际申请：①中国的公民或中国法人。②在中国境内有长期居所的外国人或在中国工商部门注册的外国法人。若有多个申请人，只要其中一个申请人有资格即可。针对不同的国家可以指定不同的申请人。

（2）中国的单位或个人提交PCT国际申请的注意事项

①申请人可以委托中国国家知识产权局指定的专利代理机构办理。

②中国的单位或个人就其在国内完成的发明提出PCT国际申请的，可先向中国国家知识产权局提出中国专利申请，也可直接提出PCT国际申请。

③中国国家知识产权局作为受理局，对PCT国际申请进行国家安全审查。

（3）提交PCT国际申请所需的文件及要求

①确定国际申请日，PCT国际申请必须同时满足以下条件：

• 申请人有资格向中国国家知识产权局提出PCT国际申请，若有多个申请人，则至少有一个申请人有资格。

• 使用规定的语言撰写申请文件。中国国家知识产权局接受两种语言：中文和英文。

・提交的请求书中必须写明以下内容：a.请求书中必须写明是作为PCT国际申请提出的；b.必须写明申请人的姓名或名称。

・提交说明书。

・提交权利要求书。

②以下文件虽然不是必要条件，申请人仍应及时提交：附图；摘要；委托书；若涉及序列表，需提交序列表的电子副本。

③所有国际阶段的文件只需提交一式一份。

（4）缴纳费用的规定

申请人应自PCT国际申请收到之日起1个月内缴纳传送费、检索费、国际申请费（有时还有附加费）。缴费形式可以是网上缴费、银行汇款、授权账户扣款、面交等。

（5）国际申请文件的提交

申请文件应提交到中国国家知识产权局专利局受理处PCT组。申请人可使用CEPCT网站、CEPCT客户端提交电子形式的PCT国际申请或通过邮寄、面交、传真等，提交纸质件形式的PCT国际申请。受理局以其收到申请文件且满足PCT第11条（1）规定的所有要求之日确定为国际申请日。以传真方式提交时，应在传真之日起14天内将原件传送到中国国家知识产权局专利局受理处PCT组。

（6）国际检索

每件PCT国际申请都应经过国际检索。只要申请人按规定缴纳了检索费，就会启动检索。中国国家知识产权局将在规定期限内制定国际检索报告或宣布不制定国际检索报告和书面意见。期限自收到检索本之日起3个月或自优先权日起9个月，以后到期为准。

（7）国际公布

自优先权日起18个月，由世界知识产权组织国际局负责完成国际公布。申请人如果希望提前进行国际公布，可以向世界知识产权组织国际局提出请求，并在适用时缴纳特别公布费。

（8）启动国际初步审查

启动国际初步审查，申请人应办理以下手续：

①在期限内提交国际初步审查要求书。期限自传送国际检索报告或宣布不制定国际检索报告之日起 3 个月，或自优先权日起 22 个月，以后到期为准。

②自提交国际初步审查要求书之日起 1 个月或自优先权日起 22 个月内缴纳初步审查费和手续费，以后到期为准。

（9）国际初步审查报告的期限

中国国家知识产权局将在规定的期限内制定国际初步审查报告，期限是自优先权日起 28 个月或自收到国际初步审查要求书之日起 6 个月，以后到期为准。

（10）国际阶段的修改机会

在国际阶段，申请人有 2 次修改申请文件的机会：①收到国际检索报告后，自传送国际检索报告之日起 2 个月内或自优先权日起 16 个月内，以后到期为准。②启动国际初步审查程序后，自提交国际初步审查要求书起，至审查员起草国际初步审查报告之前。

2. 进入国家阶段程序

（1）办理进入国家阶段的手续

申请人应当在自优先权日起 30 个月（特殊情况下，有些国家要求 20 个月），向希望获得专利保护的国家提交规定的国际申请译文，缴纳规定的费用，指明要求获得的保护类型，从而启动国家阶段的程序。

（2）进入中国国家阶段应当办理的手续

申请人希望在中国获得专利保护的，应当自优先权日起 30 个月内办理进入中国国家阶段的手续。未在该期限内办理的，在缴纳宽限费后，可以自优先权日起 32 个月内办理该手续，即提交规定的文件、缴纳规定的费用。

①应当提交的文件：a. 国际申请进入中国国家阶段的书面声明（中国国家知识产权局统一制定的表格）。b. 原始说明书的中文译文。c. 原始权利要求书的中文译文。d. 原始附图副本。若附图中有文字的，应当将其替换为对应的中文文字。e. 摘要的中文译文和摘要附图副本。

对于使用中文完成国际公布的 PCT 国际申请的，则只需提交国际申请进入中国国家阶段的书面声明、国际公布摘要和摘要附图（适用时）的副本。

②应当缴纳的费用：申请费，申请附加费、公布印刷费、宽限费（适用时）、

优先权要求费（适用时）。

③在中国境内无长期居所或营业场所的外国人、外国企业或外国其他组织在中国境内申请专利或办理其他专利事务的，应当委托依法设立的专利代理机构办理。

（3）进入中国国家阶段时申请文件的提交

申请人可以以电子文件形式或者纸件文件形式提交申请文件。以纸件文件形式提交的，可以通过邮寄或者面交的方式将文件提交到中国国家知识产权局专利局受理处PCT组。

（4）进入日的确定

当申请人办理了进入中国国家阶段的手续后，中国国家知识产权局将对收到译文之日和缴纳的申请费、公布印刷费、宽限费之日进行比较，以后到日确定为进入日。

第二节　发明专利申请

国家知识产权局规定，申请发明专利的申请文件应当包括：发明专利请求书、说明书摘要（必要时应当提交摘要附图）、权利要求书、说明书（必要时应当提交说明书附图）。以下介绍一些常见的发明专利相关文本的撰写。具体的格式应从国家知识产权局规定网站下载或从受理窗口索取纸质表格。

一、请求书的内容

（一）专利局填写的内容

（1）申请号（发明）。

（2）分案提交日。

（3）申请日。

（4）费减审批。

（5）挂号号码。

（二）申请人填写的内容

（1）发明名称。

（2）发明人。

（3）申请人。

如果该发明由多个参与单位或有多人参与，应当分别填写发明所属的单位或个人，如第一申请人、第二申请人和第三申请人等（见表4.1）。

表 4.1　申请人填写内容

第一申请人	姓名或名称			
	单位代码或个人身份证号			
	国籍或居所地国家或地区			电 话
	地址	邮政编码	省、自治区、直辖市名称	市（县）名 称
		城区（乡）、街道、门牌号		
第二申请人	姓名或名称			
	国籍或居所地国家或地区		电 话	
	邮政编码		地 址	

（4）联系人姓名、电话、邮政编码、地址。

（5）确定非第一申请人为代表人声明：特声明第_____申请人为申请人的代表人（如果申请代表人不是第一申请人，则需要填写此条内容，否则不需要填写）。

（6）代理：当发明申请由代理机构办理时，需填写以下内容（见表4.2）。

表 4.2　代理机构办理发明申请表

代理机构	名　称			代　码	
	邮政编码		电　话		
	地　址	省　市　街　号			
代理人1	姓　名		代理人2	姓　名	
	工作证号			工作证号	
	电　话			电　话	

（7）分案申请：原案申请号、原案申请日（年、月、日）。

我国《专利法》第三十一条第一款规定，一件发明或者实用新型专利申请应当限于一项发明或者实用新型。但是，在专利申请和审查的过程中会出现申请文件不满足单一性的情形，此时就需要实行"分案申请"，填写此条内容。

（8）发明名称。

（9）生物材料保藏：如果申请涉及生物材料的保藏，则应提供说明（见表4.3）。

表4.3 生物材料保藏说明

保藏单位：		地　　址：	
保藏日期：　　　年　月　日	保藏编号：		分类命名：
本申请涉及的生物材料样品的保藏信息在说明书第_____页中			

（10）要求优先权申明。

①在先申请国别或地区；

②在先申请日期；

③在先申请号。

（11）不丧失新颖性宽限期申明：根据实际情况，选择下列选项。

①已在中国政府主办或承认的国际展览会上首次展出；

②已在规定的学术会议或技术会议上首次发表；

③他人未经申请人同意而泄露其内容。

（12）保密请求。

①本专利申请可能涉及国家重大利益，请求保密处理；

②是否已提交保密证明材料。

（13）申请文件清单。

①请求书；

②说明书摘要；

③摘要附图；

④权利要求书；

⑤说明书；

⑥说明书附图；

⑦权利要求的项数。

（14）附加文件清单。

　　①费用减缓请求书；

　　②费用减缓请求证明；

　　③提前公开声明；

　　④实质审查请求书；

　　⑤实质审查参考资料；

　　⑥转让证明；

　　⑦专利代理委托书；

　　⑧在先申请文件副本；

　　⑨在先申请文件副本首页译文；

　　⑩原申请文件副本；

　　⑪核苷酸或氨基酸序列表；

　　⑫其他证明文件（注明文件名称）；

　　⑬生物材料发放证明。

（15）全体申请人或专利代理机构签章。

　　申请人签名或专利代理机构签章，填写日期（年、月、日）。

（16）专利局对文件清单的审核（由专利局审核填写）。

二、费用减缓请求书

费用减缓请求书既可用于专利申请，也可用于专利授权后的维持。填写内容见表4.4。

三、要求提前公布声明

申请人要求自己的发明专利提前公布的，应当填写声明书，见表4.5。

表 4.4　费用减缓请求书

请按照本表背面"填表注意事项"正确填写本表各栏

①专利申请或专利	申请号：		申请日　年　月　日
	发明创造名　　称：		
	申请人或专利权人：		
②请求费用减缓的理由（申请人为个人的，请求减缓费用必须准确填写个人年收入状况）			
③附件清单 □上级主管部门出具的关于企业亏损情况的证明 □上级主管部门出具的关于非企业单位经济困难情况的证明			
④全体申请人或专利权人签章 年　月　日		⑤专利局处理意见 年　月　日	

表 4.5　要求提前公布声明

请按照本表背面"填表注意事项"正确填写本表各栏

①专利申请	申请号：		申请日　年　月　日
	发明创造名　　称：		
	申请人：		
②共同申请人姓名或名称			
③声明内容			
④全体申请人或代理机构签章 年　月　日		⑤专利局处理意见 年　月　日	

四、实质审查请求书

申请发明专利，应当提交实质审查请求书，见表 4.6。

表 4.6 实质审查请求书

请按照本表背面"填表注意事项"正确填写本表各栏

①专利申请	申请号:		申请日 年 月 日
	发明创造名 称:		
	申 请 人:		
②请求内容			
③与请求同时提交的附件清单 □ 申请日前与本发明有关的参考资料 □ 外国对该申请检索到的资料 □ 外国对该申请审查结果的资料 □ 该申请为 PCT 国际申请,由_____专利局做出,实审费减免 20%			
④备注			
⑤申请文件替换页			
⑥申请人或代理机构签章 年 月 日		⑦专利局处理意见 年 月 日	

五、专利代理委托书

如果需要委托专利代理机构申请专利,应当签订专利代理委托书,国家知识产权局提供固定格式模板,见表 4.7。

表 4.7　专利代理委托书

请按照本表背面"填表注意事项"正确填写本表各栏

根据《专利法》第十九条规定，兹

委　　　托　_____

邮编、地址　_____省_____市_____街_____号_____　邮编：_____

☐ 1. 代为办理名称为 _____ 的发明创造

　　　☐发明专利（申请号为：　　　　　　　）

申请☐实用新型专利（申请号为：　　　　　　　）以及在专利权有效期内的全部专利事务。

　　　☐外观设计专利（申请号为：　　　　　　　）

☐ 2. 代为办理宣告名称为 _____

　　　　　　专利号为 _____的专利无效事务。

☐ 3. 代为办理其他有关事务。

（上述 1、2 项只能任选一项，同时选择一项以上的委托书无效）

专利代理机构接受上述委托并指定代理人_____办理此项委托。

委托人（单位或个人）_____（盖章或签字）

被委托人（专利代理机构）_____（盖章）

　　　　　　　　　　　　　　　　　　　　　　　　　　　年　　月　　日

第三节　发明专利说明书和权利要求书

本节以国家发明专利"一种成虫翅无鳞毛家蚕品种的培育方法（ZL200710025201.7）"为例对发明专利的实质内容，即发明专利说明书和权利要求书等的写作进行介绍。

一、发明专利说明书

发明名称：一种成虫翅无鳞毛家蚕品种的培育方法。

（一）技术领域

应当说明本发明所属的技术领域，例如：

本发明涉及一种成虫翅无鳞毛家蚕品种的培育方法，属于农作物优良品种培育利用领域，专用于茧丝品质优、制种清洁的家蚕品种培育。

（二）背景技术

应当详细阐述本发明是如何产生的，为何研究这一发明，它有何经济、社会价值和应用前景，例如：

养蚕缫丝是我国古代的一项伟大发明，已经有五千多年的历史。闻名世界的中国丝绸是我国悠久历史文化长河中的一颗璀璨明珠，在弘扬中华文化和国民经济发展中做出了重要贡献。新中国成立以来，蚕丝产品一直是我国能主导国际市场的为数极少的产品之一。目前，蚕丝业仍然是我国最具特色的传统优势产业，我国的蚕茧和生丝产量均居世界第一，分别占世界总产量的75%左右。

蚕丝业不仅在增加农民收入和扩大劳动力就业方面起到了重要的作用，而且桑树在保护生态环境等方面也具有重要的意义。全国除西藏、青海以外，各省（自治区、直辖市）都有蚕茧生产。据统计，2006年全国有成片桑园8.12万公顷，2000多万养蚕农户，蚕茧总产量72.1万吨。2005年，农民蚕茧总产值120亿元（户均约600元），丝绸工业从业人员100多万人，出口创汇37.5亿美元。许多省区市在生态保护和退耕还林中，都把发展蚕桑作为首选和重点项目。

家蚕新品种培育是蚕丝业科技进步的基础和核心之一。目前，我国家蚕新品种培育取得了举世瞩目的成就，育成了以"菁松×皓月"为代表的一大批经济性状优良的新品种，为全国范围内的4～5次家蚕品种更新换代奠定了基础，极大地促进了蚕丝业的发展。目前，我国的家蚕品种水平代表了当今世界家蚕品种的水平。

家蚕（*Bombyx mori*）属于鳞翅目（Lepidoptera）昆虫，通常其成虫都身披一层厚密的鳞毛，在交配和投蛾产卵等制种过程中，成虫翅膀的拍打和人的操作接触都可以造成大量的鳞毛脱落而成为微尘（俗称蛾灰）在空中飞舞，从而污染环境。长期以来，蛾灰危害一直困扰着蚕种生产企业，严重影响了制种者和周围群众的健康，而且蛾灰携带家蚕微粒子孢子，给家蚕微粒子病的防治带来了困难。

因此，减少蚕种制造过程中产生的蛾灰，维护劳动者的健康，减少家蚕微粒子病的发生是家蚕育种者迫切需要解决的问题。

（三）发明内容

1.技术问题

应当说明本发明的目的和技术指标，例如：

本发明的目的在于培育无鳞毛家蚕品种，其成虫翅没有或很少有鳞毛，呈透明状，制种过程中产生的微尘可减少 50% 以上，其他主要经济性状达到实用品种的水平。

2.技术方案

应当详细阐述本发明的技术方案，例如：

以家蚕成虫翅无鳞毛突变体"P33"为亲本，与生产用家蚕品种杂交，获得杂交一代F_1；再用同一生产用家蚕品种进行回交获得BC_1，采用蛾区（卵圈）半分法，用"P33"作为测交亲本，选择无鳞毛蛾对应的卵圈饲养继代，再用同一生产用家蚕品种进行回交获得BC_2；依次类推，重复回交、测交步骤，经过生产用家蚕品种连续 4～6 代回交，使其他经济性状达到轮回亲本的水平，最后自交纯合，经 4～6 代以上选择，培育出具有成虫翅无鳞毛、其他经济性状同轮回亲本即生产用家蚕品种性状的品种。

其中，亲本家蚕成虫翅无鳞毛突变体"P33"主要特征及特性为：中系二化性四眠品种；幼虫具有限性斑纹，雌蚕为普斑、雄蚕为素蚕，蚕体粗壮，食桑旺盛，发育整齐，体质较强；老熟齐涌，熟蚕有趋密性，多营上层茧；催青经过 10d，幼虫期经过 22d，蛹中经过 13～14d；茧形椭圆，茧色洁白，缩皱中等；全茧量 1.8～2.0g，茧层率 21%，茧丝长 1000m，解舒良好；羽化集中，成虫翅无或很少鳞毛，雄蛾活泼、交配性能较差，雌蛾产卵性能良好，单蛾产卵数 500～600 粒。

如生产用家蚕品种为"芙蓉"，则育成品种"新芙"，其成虫翅为无鳞毛，其他经济性状同"芙蓉"。其主要特征及特性为：中系二化性四眠品种；幼虫为素斑，蚕体粗短，食桑旺盛，发育整齐，体质强健；老熟齐涌，熟蚕趋密性强，多营上层茧；催青经过10d，幼虫期经过22d，蛰中经过13～14d；茧形椭圆，茧色洁白，缩皱中等；全茧量1.6～1.8g，茧层率22%，茧丝长1100m，解舒好；羽化集中，成虫翅无或很少鳞毛，雄蛾活泼、交配性能好，雌蛾产卵性能良好，单蛾产卵数500～600粒，幼虫期和蛹期20℃以下温度饲养或保护，诱导成虫翅鳞毛数量的增加。

如生产用家蚕品种为"7532"，则育成品种"日照"，其成虫翅为无鳞毛，其他经济性状同"7532"。其主要特征及特性为：日系二化性四眠品种；幼虫为淡普斑，蚕体细长，发育整齐，体质强健；老熟交齐，多营上层茧；催青经过10d，幼虫期经过23d，蛰中经过14～15d；茧形椭圆，茧色洁白，缩皱中等；全茧量1.6～1.8g，茧层率22%，茧丝长1100m，解舒好；羽化较集中，成虫翅无或很少鳞毛，雄蛾活泼、交配性能好，雌蛾产卵性能良好，单蛾产卵数450～500粒，幼虫期和蛹期20℃以下温度饲养或保护，诱导成虫翅鳞毛数量的增加。

上述成虫翅无鳞毛家蚕品种的培育方法中，幼虫饲养和蛹期保护温度应在20℃以上。

3. 有益效果

应当详细阐述本发明可能带来的经济价值、社会效益和生态效益，例如：

本发明培育的无鳞毛家蚕品种其成虫翅没有或很少有鳞毛，呈透明状；其他主要经济性状达到亲本实用品种的水平，它们具有体质强健、茧丝品质优良和成虫翅无鳞毛的特点，使制种过程中产生的微尘比普通家蚕品种减少50%左右，是制种清洁环保的新一代家蚕品种。用这种品种繁育原种和杂交种，成虫交配过程中产生的微尘减少50%左右，基本克服了世界上蚕种繁育过程中存在的灰尘多、作业环境差的问题，有利于家蚕微粒子病的控制和环境卫生的改善。本研究成果国内外未见类似报道。

本发明方法育成的家蚕品种"新芙"的主要特征及特性为：中系二化性四眠品种；幼虫为素斑，蚕体粗短，食桑旺盛，发育整齐，体质强健；老熟齐涌，熟

蚕趋密性强，多营上层茧；催青经过 10d，幼虫期经过 22d，蛰中（蛹期）经过
13～14d；茧形椭圆，茧色洁白，缩皱中等；全茧量 1.6～1.8g，茧层率 22%
左右，茧丝长 1100m左右，解舒好；羽化集中，成虫翅无或很少鳞毛，雄蛾活
泼、交配性能好，雌蛾产卵性能良好，单蛾产卵数 500～600 粒，幼虫期和蛹
期 20℃ 以下温度饲养或保护，诱导成虫翅鳞毛数量的增加。与"日照"对交时
宜推迟 2 日饲养。

本发明方法育成的家蚕品种"日照"的主要特征及特性为：日系二化性四眠
品种；幼虫为淡普斑，蚕体细长，发育整齐，体质强健；老熟交齐，多营上层
茧；催青经过 10d，幼虫期经过 23d，蛰中（蛹期）经过 14～15d；茧形椭圆，
茧色洁白，缩皱中等；全茧量 1.6～1.8g，茧层率 22%左右，茧丝长 1100m左
右，解舒好；羽化较集中，成虫翅无或很少鳞毛，雄蛾活泼、交配性能好，雌
蛾产卵性能良好，单蛾产卵数 450～500 粒，幼虫期和蛹期 20℃以下温度饲养
或保护，诱导成虫翅鳞毛数量的增加。与"新芙"对交时宜提前 2 日饲养。

附图说明（此处略）：

附图 1　交配中的家蚕无鳞毛突变体"P33"雌雄蛾（成虫翅很少鳞毛，呈透
明状）；

附图 2　交配中的家蚕普通品种雌雄蛾（成虫全身披满浓密的鳞毛）；

附图 3　交配产卵后的家蚕无鳞毛品种"新芙"雌蛾（翅很少鳞毛，呈透明状）。

（四）具体实施方式

应当详细阐述本发明如何实施，给出具体的实施成功案例，例如：

经过遗传分析，家蚕少鳞毛性状为隐性性状，只有在基因纯合状态才表现
为少鳞毛性状。

家蚕无鳞毛突变体"P33"（公知公用，见参考文献：ZHOU Q X, LI Y N,
SHEN X J, et al. The scaleless wings mutant in *Bombyx mori* is associated with a lack
of scale precursor cell differentiation followed by excessive apoptosis. Dev Genes
Evol, 216, 2006(11): 721-726）

（1）来源：中国农业科学院蚕业研究所收集保存的家蚕品种，并对外提供。

（2）主要特征及特性［按照中国农业科学院蚕业研究所主编的《中国家蚕

品种志》(农业出版社1987年版)家蚕品种特征及特性术语描述的性状,下文同]:中系二化性四眠品种;幼虫具有限性斑纹,雌蚕为普斑、雄蚕为素蚕,蚕体粗壮,食桑旺盛,发育整齐,体质较强;老熟齐涌,熟蚕有趋密性,多营上层茧;催青经过10d,幼虫期经过22d,蛰中(蛹期)经过13~14d;茧形椭圆,茧色洁白,缩皱中等;全茧量1.8~2.0g,茧层率21%左右,茧丝长1000m左右,解舒良好;羽化集中,成虫翅无或很少鳞毛,雄蛾活泼、交配性能较差,雌蛾产卵性能良好,单蛾产卵数500~600粒。幼虫期和蛹期20℃以下温度饲养或保护,诱导成虫翅鳞毛数量的增加。

1.实施例1

(1)以家蚕无鳞毛"P33"为亲本(母或父本),与生产用品种为另一亲本(父或母本)杂交,获得杂交一代F_1;(2)再用生产用家蚕品种"芙蓉"(公知公用,见参考文献:冯家新.家蚕育种选集.杭州:浙江大学出版社,2002:544-548)进行回交获得BC_1;(3)采用蛾区(卵圈)半分法,用"P33"作为测交亲本,选择无鳞毛蛾对应的卵圈饲养继代,再用芙蓉回交获得BC_2。依次类推,重复回交、测交步骤,经过家蚕品种"芙蓉"连续4~6代回交,获得成虫翅无鳞毛,并使其他经济性状如全茧量、茧层率、茧丝长、解舒丝长、解舒率和洁净达到轮回亲本"芙蓉"的水平:全茧量1.6~1.8g,茧层率22%,茧丝长1100m、解舒丝长750m,解舒率70%,洁净94分。最后自交纯合,经4~6代以上选择,培育出无鳞毛家蚕实用品种"新芙"。其主要特征及特性为:中系二化性四眠品种;幼虫为素斑,蚕体粗短,食桑旺盛,发育整齐,体质强健;老熟齐涌,熟蚕趋密性强,多营上层茧;催青经过10d,幼虫期经过22d,蛰中(蛹期)经过13~14d;茧形椭圆,茧色洁白,缩皱中等;全茧量1.6~1.8g,茧层率22%左右,茧丝长1100m左右,解舒好;羽化集中,成虫翅无或很少鳞毛,雄蛾活泼、交配性能好,雌蛾产卵性能良好,单蛾产卵数500~600粒,幼虫期和蛹期20℃以下温度饲养或保护,诱导成虫翅鳞毛数量的增加。

培育条件

应具备家蚕品种保存、新品种选育和蚕种繁育的设备和技术;应具备温度可控(20~28℃)的家蚕饲养场所和设备条件。家蚕茧丝质量检验方法见中国农业科学院蚕业研究所主编的《中国养蚕学》(上海科学技术出版社1991年版,第 629-709 页）。家蚕微粒子病检疫检验方法见《中国养蚕学》（第 591-598 页）和《桑蚕原种检验规程》（GB/T 19178—2003）。

亲本保存繁育技术

（1）亲本保存饲养要求分品种单蛾区，各品种饲养数量不少于 10 个蛾区。

（2）选择符合品种本身性状、茧丝质成绩在批平均数以上的蛾区，再在中选蛾区中选择优良个体进行繁育。

（3）原种繁育实行异蛾区交配，在留种蛾区中择优选留母种。

（4）制种后的母蛾逐个进行微粒子病检疫检验，淘汰带微粒子孢子的母蛾所产的蚕卵。

（5）蚕种保护与普通品种相同。

一代杂交种繁育技术

无鳞毛品种的最大特点是在蚕种（原种、杂交种）繁育过程中产生的微尘（来源于成虫鳞毛）比普通家蚕品种减少 50% 左右，使制种过程变得相对清洁，有利于劳动者的健康和环境保护，以及家蚕微粒子病（疫病）的控制。

（1）亲本原种生产要求与普通品种相同，但在幼虫饲养和蛹期保护中温度应控制在 20 ～ 28℃ 范围内。

（2）杂交种繁育中，中系、日系原蚕应分开饲养，按照品种龄期确定饲养开始日期，确保双亲羽化日期相遇。如果需要进行发育调节，温度最低不应低于 20℃。繁育过程同普通品种。

（3）生产杂交种的母蛾应进行家蚕微粒子病检疫检验，防止因家蚕微粒子病超标而不合格。

（4）蚕种保护、整理、成品检验和保存运输等同普通品种一致。

2.实施例 2

（1）以家蚕无鳞毛"P33"为亲本（母或父本），与生产用家蚕品种"7532"（父或母本）杂交，获得杂交一代 F_1；（2）再用同一生产用家蚕品种"7532" [公知公用，见参考文献：冯曙伦.家蚕夏秋品种 75 新×7532 的选育.江苏蚕业，1985（3）: 1-5] 进行回交获得 BC_1；（3）采用蛾区（卵圈）半分法，用"P33"作为测交亲本进行测交，选择无鳞毛蛾对应的卵圈饲养继代，再用"7532"回交获得 BC_2。依次类推，重复回交、测交步骤，经过生产用家蚕品种"7532"连续 4 ～ 6 代回交，获得无鳞毛性状，并使其他经济性状如全茧量、茧层率、茧丝长、解舒丝长、解舒率和洁净等达到轮回亲本"7532"的水平：全茧量1.6 ～ 1.8g，茧层率 22%，茧丝长 1100m、解舒丝长 700m 以上，解舒率 70% 以上，洁净 94 分。最后自交纯合，经 4 ～ 6 代以上选择，培育出无鳞毛家蚕实用品种"日照"。其主要特征及特性为：日系二化性四眠品种；幼虫为淡普斑，蚕体细长，发育整齐，体质强健；老熟交齐，多营上层茧；催青经过 10d，幼虫期经过 23d，蛰中（蛹期）经过 14 ～ 15d；茧形椭圆，茧色洁白，缩皱中等；全茧量 1.6 ～ 1.8g，茧层率 22% 左右，茧丝长 1100m 左右，解舒好；羽化较集中，成虫翅无或很少鳞毛，雄蛾活泼、交配性能好，雌蛾产卵性能良好，单蛾产卵数 450 ～ 500 粒，幼虫期和蛹期 20℃ 以下温度饲养或保护，诱导成虫翅鳞毛数量的增加。培育条件、亲本保存繁育技术、蚕种繁育技术同实施例 1。

生产上，"新芙"与"日照"可杂交制种，"新芙"与"日照"对交时宜推迟 2日饲养，"日照"与"新芙"对交时宜提前 2 日饲养，使两者羽化日期相遇。

附图：

交配中的家蚕无鳞毛突变体"P33"雌雄蛾（成虫翅很少鳞毛，呈透明状）见附图 1。

交配中的家蚕普通品种雌雄蛾（成虫全身披满浓密的鳞毛）见附图 2。

交配产卵后的家蚕无鳞毛品种"新芙"雌蛾（翅很少鳞毛，呈透明状）见附图 3。

附图 1　交配中的家蚕无鳞毛突变体"P33"雌雄蛾（成虫翅很少鳞毛，呈透明状）

附图 2　交配中的家蚕普通品种雌雄蛾（成虫全身披满浓密的鳞毛）

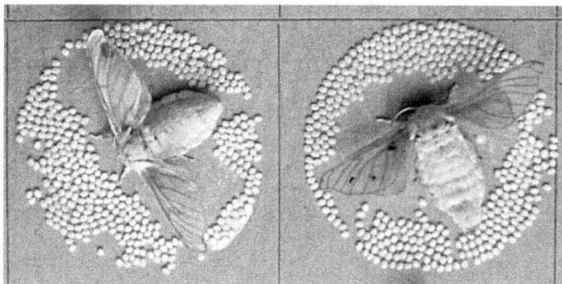

附图 3　交配产卵后的家蚕无鳞毛品种"新芙"雌蛾（翅很少鳞毛，呈透明状）

二、说明书摘要

说明书摘要，应当根据说明书的内容提取和凝练，必要时应当提供附图。

本发明涉及一种家蚕成虫翅无鳞毛品种的培育方法，属于农作物优良品种培育利用领域。以家蚕成虫翅无鳞毛突变体"P33"为亲本，分别与"芙蓉"（中系）和"7532"（日系，又称"朝霞"）杂交，获得F_1；再以"芙蓉"或"7532"为轮回亲本回交获得BC_1，采用蛾区（卵圈）半分法，用"P33"作为测交亲本，筛选无鳞毛蛾对应的卵圈饲养继代。依次类推，经过连续多代回交、测交，使性状达到轮回亲本的水平，再自交纯合，经4～6代以上选择，培育出2个成虫翅无鳞毛性状稳定的家蚕品种"新芙""日照"。它们具有体质强健、茧丝品质优良和成虫翅无鳞毛的特点，使制种过程中产生的微尘比普通家蚕品种减少50%左右。其经济性状达到生产用品种的水平。

附图（附图1、附图2和附图3）。

三、权利要求书

应当明确提出本发明申请保护和拥有的专享权利范围。

1. 一种成虫翅无鳞毛家蚕品种的培育方法，包括：

（1）家蚕成虫翅无鳞毛突变体"P33"作为亲本，与生产用家蚕品种杂交，获得杂交一代F_1。

（2）F_1再用同一生产用家蚕品种进行回交获得BC_1。

（3）BC₁采用卵圈半分法，用"P33"作为测交亲本进行测交，选择无鳞毛蛾对应的卵圈饲养继代，再用同一生产用家蚕品种进行回交获得BC₂。

（4）依次类推，重复回交、测交步骤，经过生产用品种连续4～6代回交，使其他经济性状达到轮回亲本的水平。

（5）最后自交纯合，经4～6代以上选择，培育出具有成虫翅无鳞毛性状、其他经济性状同轮回亲本即生产用家蚕品种性状的品种。

其中，亲本家蚕成虫翅无鳞毛突变体"P33"主要特征及特性为：中系二化性四眠品种；幼虫具有限性斑纹，雌蚕为普斑、雄蚕为素蚕，蚕体粗壮，食桑旺盛，发育整齐，体质较强；老熟齐涌，熟蚕有趋密性，多营上层茧；催青经过10d，幼虫期经过22d，蛰中经过13～14d；茧形椭圆，茧色洁白，缩皱中等；全茧量1.8～2.0g，茧层率21%，茧丝长1000m，解舒良好；羽化集中，成虫翅无或很少鳞毛，雄蛾活泼、交配性能较差，雌蛾产卵性能良好，单蛾产卵数500～600粒。

2. 根据权利要求1所述的一种成虫翅无鳞毛家蚕品种的培育方法，其特征在于：生产用家蚕品种为"芙蓉"，育成的品种"新芙"无鳞毛，其他经济性状同芙蓉。其主要特征及特性为：中系二化性四眠品种；幼虫为素斑，蚕体粗短，食桑旺盛，发育整齐，体质强健；老熟齐涌，熟蚕趋密性强，多营上层茧；催青经过10d，幼虫期经过22d，蛰中经过13～14d；茧形椭圆，茧色洁白，缩皱中等；全茧量1.6～1.8g，茧层率22%，茧丝长1100m，解舒好；羽化集中，成虫翅无或很少鳞毛，雄蛾活泼、交配性能好，雌蛾产卵性能良好，单蛾产卵数500～600粒，幼虫期和蛹期20℃以下温度饲养或保护，诱导成虫翅鳞毛数量的增加。

3. 根据权利要求1所述的一种成虫翅无鳞毛家蚕品种的培育方法，其特征在于：生产用家蚕品种为"7532"，育成的品种"日照"无鳞毛，其他经济性状同"7532"。其主要特征及特性为：日系二化性四眠品种；幼虫为淡普斑，蚕体细长，发育整齐，体质强健；老熟交齐，多营上层茧；催青经过10d，幼虫期经过23d，蛰中经过14～15d；茧形椭圆，茧色洁白，缩皱中等；全茧量1.6～1.8g，茧层率22%，茧丝长1100m，解舒好；羽化较集中，成虫翅无或很少鳞毛，雄蛾活泼、交配性能好，雌蛾产卵性能良好，单蛾产卵数450～500粒，幼虫期和蛹期20℃以下温度饲养或保护，诱导成虫翅鳞毛数量的增加。

4. 根据权利要求 1 ～ 3 之一所述的一种成虫翅无鳞毛家蚕品种的培育方法，其特征在于：幼虫饲养和蛹期保护温度在 20℃ 以上。

四、遗传资源来源披露登记表

《专利法》规定，依赖遗传资源完成发明创造申请专利的，申请人应当在请求书中对遗传资源的来源予以说明，并填写遗传资源来源披露登记表，写明该遗传资源的直接来源和原始来源。申请人无法说明原始来源的，应当陈述理由。上述实例为依赖遗传资源完成的发明创造，应当填写并提交下表（见表4.8）。

表4.8 遗传资源来源披露登记表

请按照"注意事项"正确填写本表各栏			第②和第④栏未确定的由国家知识产权局填写	
①发明名称			②申请号	
③申请人			④申请日	
⑤遗传资源名称				
⑥ 遗传资源的获取途径 遗传资源取自： □动物　□植物　□微生物　□人 获取方式：　□购买　□赠送或交换　□保藏机构　□种子库（种质库） 　　　　　　□基因文库　□自行采集　□委托采集　□其他				
⑦直接来源	非采集方式	⑧获取时间	___ 年 ___ 月	
		⑨提供者名称（姓名）		
		⑩提供者所处国家或地区		
		⑪ 提供者联系方式		
	采集方式	⑫ 采集地（国家、省区市）		
		⑬ 采集者名称（姓名）		
		⑭ 采集者联系方式		
⑮ 原始来源		⑯ 采集者名称（姓名）		
		⑰ 采集者联系方式		
		⑱ 获取时间	___ 年 ___ 月	
		⑲ 获取地点（国家、省区市）		
⑳ 无法说明遗传资源原始来源的理由				
㉑ 申请人或专利代理机构签字或者盖章 　　　　　年　　月　　日			㉒ 国家知识产权局处理意见 　　　　　年　　月　　日	

　　实用新型和外观设计专利申请书的写作，可参考国家知识产权局网站提供的示例，如实用新型专利申请撰写示例、外观设计申请撰写示例、相似外观设计申请撰写示例等进行写作。

　　由于每位科技人员的知识背景不同，研究方向存在差异，需要写作和申请的专利类型、内容都不同，因此在写作专利申请书和提交申请的过程中，一定要掌握相关领域的国内外最新进展，及时了解国家知识产权局的最新要求，按照规定的格式和程序撰写申请、申报专利。

第五章
CHAPTER **5**

科研项目总结与科研成果申报

【**内容提要**】本章分别以江苏省教育厅基础研究项目、江苏省自然科学基金项目和国家自然科学基金项目为例，介绍了科研项目总结报告的基本内容和写作的总体要求以及科技成果的类别、科技成果奖励的类型、科技成果的鉴定评价和科技成果奖申报书的基本内容与写作要求。

第一节 科研项目总结报告撰写

一、科研项目总结报告写作的基本要求

（一）数据资料的收集整理

不论是纵向科研项目，还是横向科研项目，在项目实施过程中都要注意以下事项，以便为项目总结报告写作做准备。

（1）根据项目合同的要求，制订年度计划，开展科研工作；

（2）项目实施过程中及时做好相关记录；

（3）做好每年一次的项目年度工作总结；

（4）项目结束后，及时收集整理数据、相关成果和资料；

（5）仔细阅读项目下达部门对项目总结和验收的要求；

（6）按照项目总结格式，对照项目合同或任务书撰写项目总结。

（二）项目总结报告写作的总体要求

科研项目总结报告应当根据项目管理部门的要求和下达的计划任务书，按照指定模板进行撰写。不同级别、不同来源的纵向科研项目，总结报告的内容和格式要求可能有所不同。横向科研项目，应按照委托方规定格式和签订的合同进行写作。

科研项目总结报告写作，应当做到以下几点：

（1）坚持科学精神，实事求是，不弄虚作假；

（2）按照管理部门规定的格式规范写作；

（3）总结报告应层次分明，逻辑严密；

（4）数据翔实，图表清晰；

（5）文字精炼，语句通顺；

（6）用词恰当，减少错别字，避免歧义。

二、市厅级科研项目

市厅级科研项目是指省（自治区、直辖市）科技厅之外的厅级管理部门和设区的市级科技局立项的科研项目，以及国务院所属各部委的司（局）立项的纵向（计划）项目。下面以江苏省教育厅基础研究项目为例来说明。

江苏省教育厅基础研究（自然科学）项目，分为重大项目和面上项目两个类别，总结报告有一些差异，以下为主要内容及填写介绍。

（一）项目概况

项目名称、项目编号、项目经费、起止年限。

（二）项目成果摘要

主要解决的关键技术、创新点和取得的突出成果，包括代表性的图解等；重大项目不少于800字，面上项目不少于500字。

（三）研究计划执行情况

研究目标、内容、进度等计划任务执行及完成情况；进行必要的调整和变动的内容，未按计划进行研究的内容及其原因。

（四）研究工作进展和取得的成果

主要技术与经济指标及完成情况，项目实施的绩效等；论文、专著、专利、软件、数据库、模型等主要研究成果介绍，说明其水平和影响，并简要阐述其科学意义或应用前景等；提供必要的国内外研究动态和研究成果的比较以及必要的参考文献等。

1.主要技术与经济指标及完成情况

（1）主要技术与经济指标
列出项目合同规定的主要技术与经济指标，便于评审专家和管理人员核对及确定完成情况。

（2）完成情况

对照项目合同，概括性地说明是否完成了合同规定的主要技术与经济指标，如：超额完成，全面完成，基本完成，某个指标还有差距，等等。

2.研究工作主要进展

根据项目的研究内容，详细阐述项目取得的主要进展，并使用图（照片）、表格、检测报告等进行展示。

3.取得的主要成果

项目取得的主要成果包括：①国家发明专利，国际专利；②论文著作；③组织和参加的学术交流；④青年科技人员和研究生等人才培养。

4.国内外研究动态

"国内外研究动态"类似于项目申请书的"国内外研究进展"。在项目实施期间（3～5年），该领域可能有新的进展，包括项目取得的成果，因此要引用参考文献，并列出参考文献表。

（五）成果应用转化和取得的经济社会效益情况

成果应用转化和取得的经济社会效益情况是指项目实施过程中取得的经济效益和社会效益。经济效益主要是技术转让、技术应用获得的经济收入和产生的经济增效。社会效益可以有多个方面，例如，基础研究成果方面，可以是阐明了某个生物学现象的分子机制或机理，促进了学科发展，或为解决某个关键技术问题提供了理论依据，等等；应用研究成果方面，可以是解决了产业的某个关键技术难题，降低了某项工作的劳动强度，提高了劳动效率，促进了产业发展，或新技术的应用促进了生态保护，等等。

（六）项目负责人基本情况（项目实施期内项目负责人职称变化情况、后续项目资助情况、人才计划情况、获奖情况等）

项目负责人基本情况与申请书基本一致，包括：项目实施期内项目负责人晋升职称或进入高层次人才计划；项目实施后，获得更高层次（如省部级、国家级）科研项目资助；项目相关研究内容获得省部级、国家级科技奖励等。

（七）项目的人才培养情况

要说明项目实施过程中培养了哪些人才。例如，培养青年科技人员、研究生几名，江苏省"333 高层次人才培养工程"第一、第二、第三层次培养对象各多少名，等等。很多省（自治区、直辖市）都有自己的省级人才培养工程。

（八）存在的问题、纵深研究的建议及其他需要说明的情况

要说明项目实施过程中遇到的具体问题，如项目管理、技术方法等方面的问题；阐述项目以及相关领域后续深入研究的设想和建议；其他需要说明的与项目有关的情况。

（九）项目经费决算表

项目经费决算表，应根据单位财务部门提供的数据填写，各科目的支出应符合经费管理要求，一般不应超过计划下达的预算，包括单位配套经费和自筹资金。

项目经费决算表要有项目负责人、财务负责人签字，财务部门盖章。

（十）所在高等学校审核意见

江苏省教育厅的项目是下达给省内各高校的，高校就是项目承担单位。承担单位的科技管理部门应对项目完成情况进行检查核实，并根据实际情况填写审核意见，加盖高校或高校科技管理部门的公章，具体要按江苏省教育厅的要求办理。

（十一）验收专家组名单

项目承担单位可以提供验收专家建议名单，供江苏省教育厅参考。江苏省教育厅批准确定验收专家组成员名单。

（十二）专家组验收意见

项目完成后，项目组要通过所在单位向下达项目任务的部门（江苏省教育

厅科学技术与产业处）提交结题验收申请书。项目任务下达部门审核同意后，组织专家组对项目进行验收。

专家组在听取项目组的汇报，查阅项目组提供的项目验收材料，对照检查项目计划任务书要求、考核指标和完成情况后，经质询和讨论，形成项目验收意见，并签字。

（十三）江苏省教育厅意见（面上项目不填此栏）

由江苏省教育厅根据项目提交的材料和专家验收意见等，对重点项目进行审核，确定该项目是否达到结题要求。

（十四）有关附件

项目有关附件包括：项目合同，项目实施期间取得的国家授权发明专利、发表的科技论文、出版的学术专著，项目成果应用转化证明材料，获奖证书（复印件），后续申请获得的更高层次的科研项目（计划任务书复印件），以及人才称号证明（复印件）、研究生学位证书或毕业证书（复印件）等。

三、省级科研项目

省级科研项目是指由省（自治区、直辖市）科技厅或发改委等代表省（自治区、直辖市）政府设立的科研项目。这里以江苏省自然科学基金面上项目为例进行说明。

江苏省自然科学基金项目分为面上项目和青年科学基金项目，由江苏省科技厅立项和管理。项目的申报、年度总结和项目结题等管理，均需在"江苏省科技计划管理信息平台"填报，同时提交纸质报告（双面打印，签字盖章）。

江苏省自然科学基金项目总结报告由"项目工作报告"和"科技报告"两部分组成，每个报告都有规定的格式和要求。

（一）项目工作报告

项目工作报告重点阐述项目实施情况和成果产出情况。

1.项目来源

列出项目名称、项目编号、起止时间、承担单位、项目负责人。

2.项目任务

列出项目合同规定的考核内容和指标。

3.项目实施情况

概括说明项目任务完成情况，并用一张表格列出合同考核指标（见表5.1），逐条说明完成情况。

表 5.1　合同考核指标

序号	考核指标	完成内容	完成情况
1			
2			
3			
4			

4.项目取得的成果

项目实施期间获得的发明专利、发表的论文、出版的专著、获得的奖励以及项目的推广应用情况。

5.经费使用情况

根据单位财务部门提供的数据填写，各科目的支出应符合经费管理要求，一般不应超过计划下达的预算，项目经费应包括单位配套经费和自筹资金。

6.项目执行中的人才培养情况

项目实施过程中培养了哪些人才，包括项目组科技人员获得的人才称号、培养的研究生等。

7.项目实施的经验总结、问题分析和相关建议

项目实施过程中的管理经验、存在的问题、今后需要改进的方向，以及对项目管理部门的建议。

（二）科技报告

科技报告本质上是一个详细的科技项目研究报告，江苏省自然科学基金面上项目科技报告内容如下。

1.封面

计划类别：_____项目类别：_____

项目名称：_____

项目编号：_____

起止日期：_____

项目承担单位：_____

项目承担单位地址：_____

项目主管部门：_____

2.目录

目录部分包括引言、研究内容（1，2，3，…）、参考文献。

3.插图清单

正文中的插图要统一编号，列出清单，注明图的标号、图名和所在页码。

4.正文

正文要详细阐述项目取得的研究进展，做到层次分明、条理清楚、图文并茂、逻辑严密；既要避免过分谦虚，也要防止随意夸大项目研究成果的意义。

5.参考文献

应在引用处标注，最后列出引用的参考文献。

四、国家自然科学基金面上项目

国家自然科学基金面上项目种类很多，应按照国家自然科学基金委员会的科学基金网络信息系统的要求撰写《国家自然科学基金资助项目结题/成果报告》（以下简称《项目结题/成果报告》）。下面以面上项目为例进行说明。

（一）结题报告封面格式

国家自然科学基金
资助项目结题/成果报告

资助类别：＿＿＿＿＿＿＿＿＿＿＿＿＿＿＿＿＿＿＿＿＿＿

亚类说明：＿＿＿＿＿＿＿＿＿＿＿＿＿＿＿＿＿＿＿＿＿＿

附注说明：＿＿＿＿＿＿＿＿＿＿＿＿＿＿＿＿＿＿＿＿＿＿

项目名称：＿＿＿＿＿＿＿＿＿＿＿＿＿＿＿＿＿＿＿＿＿＿

负责人：＿＿＿＿＿＿＿＿＿＿＿电话：＿＿＿＿＿＿＿＿＿＿

电子邮件：＿＿＿＿＿＿＿＿＿＿＿＿＿＿＿＿＿＿＿＿＿＿

依托单位：＿＿＿＿＿＿＿＿＿＿＿＿＿＿＿＿＿＿＿＿＿＿

联系人：＿＿＿＿＿＿＿＿＿＿＿电话：＿＿＿＿＿＿＿＿＿＿

直接费用：＿＿＿＿＿＿＿（万元）执行年限：＿＿＿＿＿＿＿＿

填表日期：　　年　　月　　日

（二）项目摘要

项目申请书的中英文摘要、关键词。

（三）结题摘要

结题报告的中英文摘要、关键词。

（四）正文

结题报告正文分为结题部分和成果部分，应按照填报说明及撰写要求填写。

1.结题部分

（1）研究计划执行情况概述

简要介绍项目计划研究内容和总体执行情况，是否完成全部研究内容、实现的预期目标。

（2）研究工作主要进展、结果和影响

详细介绍项目取得的各项研究进展和成果，包括采用的技术方法、研究取得的进展或成果，运用图、表、模型等进行展示，并对这些成果的水平进行必要的评价。如发表论文的中科院 JCR 期刊分区、期刊的影响因子、新模型或新材料的先进性等。

（3）研究人员的合作与分工

填写参加项目研究的科技人员和研究生每人在项目中的角色和承担的任务。承担的任务应与项目计划书内容、研究进展和结果相关。面上项目从批准立项到结题有 4 年多的时间，原来的研究生中途毕业，后面新招收的研究生又会加入项目的研究，应列出每位参与项目研究的研究生。

（4）国内外学术合作交流等情况

填写项目实施期间，团队成员参加国际、国内学术会议和学术交流，与国内外有关单位开展合作研究等情况。

（5）存在的问题、建议及其他需要说明的情况

填写项目实施过程中存在的问题与建议。如研究方案发生改变，技术方法更加先进，研究内容值得进一步深入研究，项目经费管理存在的问题或对基金项目申报、评审、管理等的建议。

2.成果部分

（1）项目取得成果的总体情况

对项目取得的成果进行概括性的阐述，包括研究成果的主要内容、科技先进性和影响力，得出的科学结论以及发表科技论文、授权或申请国家发明专利、获得软件著作权、出版专著、制定标准等情况。

（2）项目成果转化及应用情况

填写项目获得专利、软件等成果的转让和生产应用情况以及阐明的规律、机制被引用或借鉴等情况。

（3）人才培养情况

团队成员获得的各种人才称号、职称晋升情况；培养的博士研究生、硕士研究生以及研究生获奖情况等。

（4）其他需要说明的成果

对标注项目编号但关系不紧密的科研成果要加以说明，避免违规嫌疑，即用非该项目成果交差，这一点一定要引起注意。近几年已有个别国家自然科学

基金项目负责人因此类事件而被通报批评。

（5）项目成果科普性介绍或网站展示

如果项目取得的科研成果有科普性介绍，在行业、系统或单位网站有成果展示，则应说明；如果没有，则写"无"。

（6）研究成果目录

列出与项目相关的成果，主要有：①发表的科技论文；②申请或授权的国家发明专利；③制定的标准、获得的软件著作权；等等。

第二节 科技成果的凝练与评价

一、科技成果的定义

（一）科技成果的定义

"科技成果"一词被频繁使用，但是至今仍无确切的定义。《中华人民共和国促进科技成果转化法》是这样定义的：科技成果是指通过科学研究与技术开发所产生的具有实用价值的成果。

科技成果是人类在认识自然和改造自然的活动中，经过实验研究、设计试制或调查考察后，得到的具有一定学术意义或实用价值的创新性结果。

科技成果按其研究性质可分为基础研究成果、应用研究成果和发展工作成果，技术发明、科学发现、技术进步和技术改造、农作物和畜禽新品种、新产品、新工艺等，都属于科技成果的范畴。

（二）科技成果的特征

一项科技成果应具有以下基本特征。

（1）先进性。新的科技成果应有创新性，具有新的技术特点或与已有的同类科技成果相比有先进之处，否则不能作为新科技成果。

（2）科学性。任何一项新的科技成果，应符合科学规律，可以被他人重复使用或进行验证，在一定的实施条件下可以被应用，满足生产、生活和社会发展需要。

（3）完整性。新的科技成果要有独立完整的内容和存在形式，如新产品、新工艺、新材料、新技术等。

（4）确认性。新的科技成果应通过一定的形式被确认，如通过专利审查、专家鉴定、品种审定、质量检测、评估，或者通过市场以及其他形式的社会确认。

二、科技成果的凝练

科技人员在完成科研项目后，根据自身取得的科技成果情况和目标成果奖的具体要求，对科技成果进行设计，从众多的成果中凝练出一个符合申报要求的主题。

科技成果的集成，是指将不同的科技成果（可以是同一单位的成果也可以是不同单位的成果）按照同一主题进行整合，聚集成一个更大的科技成果的过程。设计、凝练科技成果的流程如下：

（1）确定主题。梳理分析自己团队已经取得的科技成果，初步确定主题。

（2）分析可行性。细致阅读目标奖励的申报要求，分析申报奖励的可行性。

（3）组织科技成果。确定申报后，根据申报奖项的要求和科技成果主题，组织科技成果。在组织科技成果时，除了团队自身取得的科技成果外，还可以将本单位其他团队的相关科技成果、合作或协作单位的相关科技成果集成组装。但是所有集成进来的科技成果，都应未曾作为其他获奖科技成果的内容，而且各项内容之间的成员必须存在关联，如共同参与某个（些）项目或课题，或共同发表科技论文等。

（4）确定成果名称。根据组织的科技成果，拟定几个题目，讨论、研究后确定申报项目名称。

（5）撰写申报书。收集准备成果关联支撑材料，如论文论著、专利、标准、应用证明等，组织撰写科技成果申报书。

（6）科技成果鉴定。一般可以申请行业学会、协会等第三方，对科技成果进行鉴定和评价。

科技成果的取得，绝不是一朝一夕的事，需要坚持不懈的努力和长期的积累。在科技成果凝练过程中，必须坚持实事求是的科学精神，遵守学术规范，遵循学术道德，杜绝任何伪造、剽窃等学术不端和违法行为。

三、科技成果的评价

科技成果的鉴定以往多由科技管理部门组织，如由省科技厅、市科技局等组织科技成果鉴定，对科技成果做出客观公正的评价。

党的十八大以来，我国深入推进"放管服"改革，简政放权、放管结合、优化服务，科技成果鉴定职能逐步转移到国家级和省级学会、协会和行会等，即由第三方承接科技成果评价业务，对成果的创新性、先进性、科学性、应用价值/前景等做出客观的评价。如中国农学会可承接农业科技成果的第三方评价，中国营养学会可承接营养学科科技成果评价，中国化工学会可承接化工行业科技成果的评价，中国蚕学会可承接蚕桑行业科技成果的评价，等等。

成果完成单位应根据鉴定方的要求，签订成果评价协议，填写并提交《成果评价申请表》（见表5.2），提供《科研成果研究报告》等相关评审材料。由成果评价方邀请行业内至少5名专家组成的专家组，在听取成果负责人汇报、查阅相关实物和资料，经质询和充分讨论后，对成果做出客观公正的评价。

第三节　科技成果奖励的类型和申报

一、科技成果奖励的类型

（一）行政奖励

行政奖励是指由国务院、国务院所属各部委、各省（自治区、直辖市）人民政府、市人民政府、县级（区）人民政府设立的科技奖励。

表 5.2　中国农学会农业科技成果评价申请表

成果名称					
成果类型	1. 社会公益类应用技术成果　□		2. 技术开发类应用技术成果　□		
	3. 软科学研究成果　□		4. 科普类成果　□		
	5. 基础理论研究成果　□		6. 创新团队类成果　□		
	7. 重大产品和技术成果　□				
评价方式	1. 会议评价□　　2. 通讯评价□　　3. 网络评价□				
评价目的	成果奖励	1. 国家奖　□　2. 部级奖　□　3. 省级奖　□　4. 其他奖　□			
	成果转化	1. 价值评估□　2. 技术入股□　3. 市场前景□　4. 融资投资□			
	科研项目	1. 立项评估　□　2. 政府资金支持□			
		3. 阶段性评价□　4. 成果认定　□			
申请单位	名称				
	地址		邮编		
	性质	1. 科研单位□　2. 大专院校□　3. 企业□　4. 个人□			
	联系人		电话		
成果负责人	姓名		电话		邮箱
申请方承诺	成果负责人（签字）：　　　　　申请单位（盖章）：				
科技评价机构意见					

注：科技成果评价结论不具有行政效能，仅属咨询性意见。

1.国家奖励

《国家科学技术奖励条例》（2020 年）规定，国务院设立下列国家科学技术奖：①国家最高科学技术奖；②国家自然科学奖；③国家技术发明奖；④国家科学技术进步奖；⑤中华人民共和国国际科学技术合作奖。

2.省部级奖励

各省（直辖市、自治区）都设有省级科技成果奖励。例如，江苏省人民政府令第 61 号《江苏省科学技术奖励办法》第二条规定：省人民政府设立省科学技术奖，奖励在本省科学技术活动中做出突出贡献的单位和个人。前款所称省科学技术奖，包括科学技术突出贡献奖和科学技术一等奖、二等奖、三等奖。第六条规定：科学技术突出贡献奖每两年评审 1 次，每次授予人数不超过 2 名。科学技术一等奖、二等奖、三等奖每年评审 1 次，每次奖励项目总数不超过 200 项，其中一等奖项目不超过 20 项，二等奖项目不超过 60 项。

又如《广西壮族自治区科学技术奖励办法》第十一条规定：广西科学技术奖奖项设置如下：①广西最高科学技术奖；②青年科技杰出贡献奖；③自然科学奖；④技术发明奖；⑤科学技术进步奖；⑥科学技术合作奖；⑦企业科技创新奖。广西最高科学技术奖、青年科技杰出贡献奖、科学技术合作奖、企业科技创新奖不分等级。自然科学奖、技术发明奖、科学技术进步奖（以下统称三大奖）各分为一等奖、二等奖、三等奖 3 个等级；对于取得特别重大科学发现、突破关键核心技术、实现特别重大经济社会效益的个人、组织，可以授予特等奖。第十二条规定：广西科学技术奖每年授奖奖项实行总量控制。①广西最高科学技术奖一般不超过 2 项；②青年科技杰出贡献奖不超过 2 项；③三大奖合计一般不超过 152 项。其中，特等奖不超过 3 项，一等奖一般不超过 22 项，二等奖一般不超过 60 项，三等奖一般不超过 67 项；④科学技术合作奖不超过 3 项；⑤企业科技创新奖不超过 3 项。

为做好全国农牧渔业丰收奖奖励工作，调动广大农业科技人员的积极性和创造性，加快农业科技成果转化和应用，促进科教兴农和现代农业发展，2010年，农业部对 2001 年发布的《全国农牧渔业丰收奖奖励办法》进行了修订。该办法第二条规定，全国农牧渔业丰收奖（以下简称丰收奖）是农业部设立的农业技术推广奖，用于奖励在农业技术推广活动中做出突出贡献的集体和个人，包括下列奖项：①农业技术推广成果奖；②农业技术推广贡献奖；③农业技术推广合作奖。丰收奖每三年开展一次。关于奖励范围和数量，该办法第四条规定，农业技术推广成果奖奖励取得显著经济、社会和生态效益的农业技术推广项目，设一、二、三等奖，其中一等奖约占 15%，二等奖约占 40%，三等奖约占 45%，每次奖励不超过 400 项。第五条规定，农业技术推广贡献奖奖励长期在农业生产一线从事技术推广或直接从事农业科技示范工作，并做出突出贡献的农业技术推广人员和农业科技示范户，每次奖励不超过 500 人，其中基层农业技术推广人员占 70% 以上。第六条规定，农业技术推广合作奖奖励在农业技术推广活动中做出重要贡献的农科教、产学研、相关组织等合作团队，每次奖励不超过 20 个。

（二）社会科技奖励

社会力量设立科学技术奖，简称社会科技奖励，是指社会组织或个人利用非国家财政性经费，在中华人民共和国境内设立，奖励为促进科技进步做出突出贡献的个人或组织。

根据《国家科学技术奖励条例》和《科技部关于进一步鼓励和规范社会力量设立科学技术奖的指导意见》（国科发奖〔2017〕196 号），社会科技奖励主要由熟悉奖励所涉学科或行业领域发展态势的全国学会或社会组织，依据社会科技奖励规定，进行科技奖励系统的筹建、科技成果的评价和获奖证书颁发等工作，科技部国家奖励办公室负责社会科技奖励的登记和管理。

截至 2021 年 3 月，科技部国家奖励办公室确认的各领域社会科技奖励 297 项，涉及理、工、农、医等众多行业、学科及交叉学科。其中包括：中国营养学会的"中国营养学会科学技术奖"；中国化工学会的"侯德榜化工科学技术奖"；何梁何利基金的"何梁何利科学与技术奖"；中国城市轨道交通协会的"城市轨道交通科技进步奖"；中国纺织工业联合会的"中国纺织工业联合会科学技术奖"；中国农学会的"神农中华农业科技奖""中国农学会青年科技奖"；中华医学会的"中华医学科技奖"；等等。

下面以中国农学会的"神农中华农业科技奖"为例进行说明。

神农中华农业科技奖由中国农学会设立，简称中华农业科技奖，是经农业农村部、科技部批准设立的面向全国农业行业的综合性科学技术奖。主要奖励为我国农业科技进步和创新做出突出贡献的集体和个人。

《神农中华农业科技奖奖励办法（试行）》规定如下：

第十一条，中华农业科技奖的奖励范围。中华农业科技奖接受全国农业行业（农业、畜牧、兽医、水产、农垦、农机、农业工程、农产品加工等）及其他行业与农业相关项目的申报，奖励范围包括：科学研究成果、科普类成果。

第十三条，中华农业科技奖奖励数量及等级。中华农业科技奖每年评奖一次，一等奖不超过 5 项，二等奖不超过 10 项，三等奖约 50 项。对有特大贡献、产生巨大效益和影响的农业科技成果，可视情况设立特等奖。

第十四条，为弘扬"学风正派、勇于创新、甘于奉献、团结协作"的科学精神，鼓励农业科技工作者的创新热情，中华农业科技奖每两年评选一次优秀创新团队。

二、科技成果奖申报的推荐

国家级、省（自治区、直辖市）级科技成果奖励，通常需要由符合要求的机构推荐。因此，要按照成果奖励设置机构发布的通知要求，通过所在单位或主管部门申报科技成果奖励。

（一）中华农业科技奖的推荐

中华农业科技奖实行归口管理，限额推荐，不接受非推荐单位和个人的申报与推荐。

（1）各省、自治区、直辖市农业（农牧、畜牧、兽医、海洋渔业、水利、农机）厅（委、局），新疆生产建设兵团农业局，负责本辖区、本行业申报成果的统一推荐工作，各省级农学会协助配合。

（2）农业部直属单位以及具有推荐资格的非农业系统有关科研、教学单位，可直接向中华农业科技奖奖励委员会办公室推荐申报成果。

（3）鼓励有推荐资格的全国学会、协会，及港、澳、台地区的相关组织，向中华农业科技奖奖励委员会办公室推荐申报成果。

（二）教育部科学研究优秀成果奖的推荐

2022年教育部办公厅发布《关于提名2022年度高等学校科学研究优秀成果奖（科学技术）的通知》，启动年度教育部科技奖励提名工作，规定提名方式和提名项目（人选）的基本条件如下。

1.提名方式

（1）单位提名

中央部门所属高等学校的各类研究成果，由学校直接提名；地方高等学校的各类研究成果，由省级教育行政部门统一提名。

（2）专家或组织提名

中国科学院院士、中国工程院院士，可以3人联合提名1项所熟悉专业的研究成果或1名青年科学奖人选；"双一流"建设高校校长、教育部科技委各学部、中国科学技术协会管辖的有关学会（中国数学会、中国物理学会、中国力学会、中国化学会、中国地质学会、中国机械工程学会、中国化工学会、中国土木工程学会、中国材料研究学会、中国动力工程学会、中国电子学会、中国通信学会、中国自动化学会、中国农学会、中华医学会）可提名1名青年科学奖人选。

2. 提名项目（人选）的基本条件

提名项目（人选）必须符合《高等学校科学研究优秀成果奖（科学技术）奖励办法》（教技〔2019〕3号）的有关要求，还必须满足以下条件：

（1）提名项目第一完成单位是国内高校。

（2）提名自然科学奖项目提供的代表性论文（专著）应当于2019年12月31日前公开发表，技术发明奖和科学技术进步奖项目应当于2019年12月31日前完成整体技术应用。

（3）列入国家或省部级计划、基金支持的项目，应当在项目整体验收通过后提名。

（4）同一人同一年度只能作为一个提名项目的完成人。

（5）已获得或正在申报国家级或省部级科技奖励的项目技术内容，不得提名2022年度教育部自然科学奖、技术发明奖和科学技术进步奖。

（6）专用项目的相关内容应当在提名前已定密，并需提供相应的定密文件。

三、科技成果奖申报书的主要内容

不同的科技成果奖，申报书的内容也有差异，我们要按照规定格式填写和申报。下面以教育部"高等学校科学研究优秀成果奖科学技术进步奖"为例，说明科技成果推荐书的内容。

（一）推荐书封面

项目名称，第一完成单位，通信地址，电话，邮政编码，推荐时间。

（二）推荐书正文

1.项目基本情况

按照项目的实际情况填写，见表 5.3。

表 5.3　项目基本情况

学科评审组：　　　　　　　　　　　　　　　　奖励类别：

项目名称	中文名				
	英文名				
主要完成人					
主要完成单位					
推荐单位（盖章）			项目名称可否公布		
			项目密级		
			定密日期		
			保密期限（年）		
			定密审查机构		
主题词					
学科分类名称	1			代码	
	2			代码	
所属国民经济行业					
所属科学技术领域					
任务来源					
具体计划、基金的名称和编号：（限 300 字）					
发明专利（项）	授权		申请	其他知识产权/标准（项）	
项目起止时间	起始			完成	

2.项目简介

说明项目所属领域，简要介绍项目的研究背景、主要内容、创新性和项目的水平与意义等。

（三）主要科技创新

1.主要科技创新内容

详细阐述项目的科技创新之处。

2.科技局限性

说明项目成果在推广应用中存在的不足之处，或需要继续深入研究的内容。

（四）第三方评价和应用情况

1.第三方评价

第三方对项目成果所做的鉴定评价意见填写见表5.4。

表5.4　第三方评价

3.经济效益（社会公益类、国家安全类项目可以不填此栏）　　　　　单位：　万元人民币				
项目总投资额			回收期（年）	
年　份	新增利润	新增税收	创收外汇（美元）	节支总额
各栏目的计算依据：（限200字）				
4．社会效益（限200字）				

2.推广、应用情况

项目成果的推广应用情况。

3.经济效益

根据行业管理部门或协会、学会规定的方法，计算项目成果取得的直接经济效益和间接经济效益。具体见表5.4。

4.社会效益

简要说明项目的社会效益，如填补国内空白/国际首创，引领学科发展，提高产业/行业的国际竞争力等；创造新的就业机会，改善生态环境，经济效益以外的效益等。

（五）近五年教学与人才培养情况

近五年教学与人才培养情况填写见表5.5（仅限填写第一完成人的有关情况）。

表5.5 近五年教学与人才培养情况

1.授课情况				
课程名称			授课对象	总课时数
2.指导研究生情况				
指导 博士生	毕业人数：		指导 硕士生	毕业人数：
	在读人数：			在读人数：
3.编写教材情况				
教材名称	是否主编	是否国家规划教材	出版社	出版时间
4.教学成果获奖情况				
获奖教学成果名称	获奖时间	等级	奖项名称	授奖部门/单位

（六）本项目成果曾获科技奖励情况

项目成果曾获科技奖励情况填写见表5.6。

表 5.6　本项目成果曾获科技奖励情况

获奖项目名称	获奖时间	奖项名称	奖励等级	授奖部门（单位）

本表所填内容是指本项目科技成果曾经获得的科技奖励，具体为：
1. 经登记的社会力量设立的科技奖励；　　2. 厅、局、地级市设立的科技奖励；
3. 国际组织和外国政府设立的科技奖励；　　4. 其他科技奖励。

（七）完成人情况

完成人情况填写见表5.7（每个完成人单独填写1张表格）。

表 5.7　完成人情况

姓　　名			性　　别		排　　名	
出生年月		出 生 地		民　　族		
身份证号		党　　派		国家和地区		
行政职务		归国人员		归国时间		
工作单位		所 在 地		办公电话		
家庭住址				住宅电话		
通讯地址				邮政编码		
电子信箱				移动电话		
毕业学校		文化程度		毕业时间		
技术职称		专业、专长		最高学位		
完成单位						
单位性质				所在地		
曾获科技奖励情况						
参加本项目起止时间	自			至		
本人对本项目技术的创造性贡献：（限300字）						
声明					本人签名： 年　月　日	

（八）完成单位情况

完成单位相关情况填写见表 5.8（每个单位单独填写 1 张表）。

表 5.8　完成单位情况

单位名称				所 在 地	
排　　名		单位性质		传　　真	
联 系 人		联系电话		移动电话	
通讯地址				邮政编码	
电子信箱					
对本项目的贡献：					

完成单位（公章）
年　月　日

（九）推荐单位意见

推荐单位意见填写见表 5.9（由成果推荐单位即申报单位填写）。

表 5.9　推荐单位意见

推荐意见：（限 600 字）
声明：

校学术委员会主任（签章）　　　　　　　　推荐单位（公章）

年　月　日　　　　　　　　　　年　月　日

（十）主要知识产权证明目录

主要知识产权证明目录填写见表 5.10。

表 5.10 主要知识产权证明目录

知识产权类别	知识产权具体名称	国家（地区）	授权号	授权日期	证书编号	权利人	发明人	发明专利有效状态

（十一）主要附件

（1）知识产权证明；

（2）评价证明及国家法律法规要求的行业审批文件；

（3）主要应用证明；

（4）完成人合作关系情况汇总表；

（5）其他证明。

第六章
CHAPTER 6

学术规范与学术伦理

【内容提要】本章介绍了学术道德、学术规范与学术伦理的概念，知识产权保护有关法律，学术失范与学术不端行为及其处罚；生物医学研究的热点伦理问题、生命科学研究的伦理要求和科研伦理治理。

第一节　学术诚信与学术道德

一、学术诚信是学术道德最基本的内涵

学术道德是指学术共同体开展学术活动应当遵循的基本准则。这个学术共同体，既包含广大自然科学和社会科学研究者，也包含学术相关行业的从业人员、管理者和评审专家，如期刊主编和编委、编辑人员，出版社社长和编务人员，文学艺术作品的作者和评审人员等，以及作品、科研项目和科技成果评审专家。科技人员进行学术研究和学术活动时应当遵守学术道德。

学术诚信是学术道德最基本的内涵，是学术道德的基石、治学的起码要求和学者的学术良心。学术诚信既包含科技人员在科研过程和科技论文写作中的诚实守信，也包含管理人员和评审专家在科研项目、科技成果和作品评审中的客观公正与诚实守信。科研诚信则是孕育科技创新的土壤，也是实施创新驱动发展战略、实现世界科技强国目标的重要基础。

习近平总书记在哲学社会科学工作座谈会上指出："繁荣发展我国哲学社会科学，必须解决好学风问题。"[①] 自然科学研究，同样要解决好学风问题。长期以来，在学术界，包括高等院校、科研院所，均不同程度地存在学术浮夸、学术不端现象。有的科技人员急功近利，粗制滥造，有的科技人员捏造数据，剽窃他人成果甚至篡改文献，这些现象严重破坏了学术生态环境，影响学术创新和发展。要解决这些问题，一方面要加强学术诚信教育，强化学术共同体的道德舆论宣传，包括正面教育和严重违反学术道德负面典型事例的曝光；另一方面要加强法律和制度建设，对违反学术道德的行为加以约束和惩处，让那些严重违反学术道德者受到应有的惩处。从而大力推动学术界形成崇尚精品、严谨治学、讲诚信、守规矩的优良学风，营造风清气正、互学互鉴、积极向上的学术生态。

---

① 习近平：在哲学社会科学工作座谈会上的讲话（全文）[EB/OL].（2016-05-18）[2023-12-29]. http://www.xinhuanet.com/politics/2016-05/18/c_1118891128.htm.

二、科技创新要恪守学术道德

改革开放 40 多年，我国科技整体水平大幅提升，一些重要领域跻身世界先进行列，某些领域正由"跟跑者"向"并行者"和"领跑者"转变。习近平总书记指出："我国广大科技工作者要敢于担当、勇于超越、找准方向、扭住不放，牢固树立敢为天下先的志向和信心，敢于走别人没有走过的路，在攻坚克难中追求卓越，勇于创造引领世界潮流的科技成果。"[①]2012 年，党的十八大提出"科技创新是提高社会生产力和综合国力的战略支撑，必须摆在国家发展全局的核心位置"，强调要坚持走中国特色自主创新道路、实施创新驱动发展战略。

在新时代背景下，我国科技创新空前活跃，各高等院校、科研院所和科技型企业纷纷出台鼓励政策，从人才引进、科研项目申报立项，到科技成果奖、高水平科技论文和高新技术产品等，绩效考核几乎涵盖科技工作的全过程。这一方面极大地激励了广大科技人员的积极性和创造性，科技成果的数量和质量大幅度提高，杰出科技人员的收入不断增长；另一方面，也带来了一些负面问题，极少数科技人员包括个别研究生，为了完成考核指标或毕业要求，有的伪造实验数据，有的抄袭他人论文、剽窃他人科研成果，学术诚信和学术道德受到冲击。

高等学校的根本任务是"立德树人"，在这百年未有之大变局时代，国际竞争日趋激烈，竞争的实质是以经济和科技实力为基础的综合国力的较量，也是科技创新力的博弈。科技创新离不开人才，高等学校是科技人才培养最主要的基地，也是科技人才成长的摇篮。因此，提升高等教育的发展水平，是培养高质量高水平科技人才、增强国家核心竞争力的重要途径之一。如何培养出符合时代要求，自立自强、奋发向上的创新型科技人才，是新时期高校教育的重要课题。科技创新是国家命运所系，是发展形势所需、大势所趋。

在当今知识经济时代，学术诚信已经成为越来越重要的道德规范。学术探索过程中，来不得半点虚假，必须有"板凳要坐十年冷，文章不写一句空"的执着坚守。学术研究是探索自然奥秘和人类社会发展规律，是造福人类的创造性活动，必须严肃严谨。

---

① 习近平在中科院第十七次院士大会、工程院第十二次院士大会上的讲话 [EB/OL]. (2014-06-09) [2023-12-29]. https://www.gov.cn/xinwen/2014-06/09/content_2697437.htm.

在校研究生，一方面要坚定对马克思主义的信仰、对中国特色社会主义的信念、对中华民族伟大复兴中国梦的信心，牢固树立道路自信、理论自信、制度自信和文化自信，厚植爱国主义情怀，为全面建成社会主义现代化强国、推进中华民族伟大复兴而努力奋斗。另一方面，要努力提高自己的科技创新能力，提高科研素养，既要坚持实事求是的科学精神，又要敢于探索科学真理，做一个讲诚信、守道德、有学问的人。

第二节　知识产权保护

一、知识产权的定义

2020 年 5 月 28 日，第十三届全国人民代表大会第三次会议通过了《中华人民共和国民法典》（以下简称《民法典》），2021 年 1 月 1 日起施行。《民法典》是新中国第一部以法典命名的法律，被称为"社会生活的百科全书"，是市场经济的基本法。

《民法典》第一百二十三条规定，民事主体依法享有知识产权。知识产权是权利人依法就下列客体享有的专有的权利：①作品；②发明、实用新型、外观设计；③商标；④地理标志；⑤商业秘密；⑥集成电路布图设计；⑦植物新品种；⑧法律规定的其他客体。

《民法典》第一百二十七条规定，法律对数据、网络虚拟财产的保护有规定的，依照其规定。第一百三十条规定，民事主体按照自己的意愿依法行使民事权利，不受干涉。第一百三十二条规定，民事主体不得滥用民事权利损害国家利益、社会公共利益或者他人合法权益。

二、知识产权保护

知识产权保护相关的法律法规，除了前面介绍的《民法典》相关条款外，还有下列专门的法律法规。

（一）《中华人民共和国著作权法》

《中华人民共和国著作权法》（以下简称《著作权法》）经历了三次修订，最新一次的修订于 2020 年 11 月 11 日由第十三届全国人民代表大会常务委员会第二十三次会议审议通过，2021 年 6 月 1 日起施行。与《著作权法》配套和相关的法规有：《中华人民共和国著作权法实施条例》《中华人民共和国计算机软件保护条例》《最高人民法院关于审理著作权民事纠纷案件适用法律若干问题的解释》《最高人民法院关于审理涉及计算机网络著作权纠纷案件适用法律若干问题的解释》等。《著作权法》和相关法规均在法律层面对著作权、计算机软件、网络著作权等做出了保护。

为贯彻落实中共中央办公厅、国务院办公厅印发的《关于推动传统媒体和新兴媒体融合发展的指导意见》，鼓励报刊单位和互联网媒体合法、诚信经营，推动建立健全版权合作机制，规范网络转载版权秩序，2015 年 4 月 17 日，国家版权局发布《关于规范网络转载版权秩序的通知》，对互联网媒体转载他人作品做出了规定。

（二）《中华人民共和国专利法》

《中华人民共和国专利法》经历了四次修订，最新一次的修订于 2020 年 10 月 17 日由第十三届全国人民代表大会常务委员会第二十二次会议审议通过，2021 年 6 月 1 日起施行。与《专利法》配套和相关的法规有：《中华人民共和国专利法实施细则》《企业专利工作管理办法（试行）》《最高人民法院关于对诉前停止侵犯专利权行为适用法律问题的若干规定》《最高人民法院关于审理侵犯专利权纠纷案件应用法律若干问题的解释》《最高人民法院关于审理专利纠纷案件适用法律问题的若干规定》等。

（三）《中华人民共和国商标法》

《中华人民共和国商标法》（以下简称《商标法》）经历了四次修订，最新一次的修订于 2019 年 4 月 23 日由第十三届全国人民代表大会常务委员会第十次会议审议通过。与《商标法》配套和相关的法规有：《驰名商标认定和保护规定》《最高人民法院关于审理商标民事纠纷案件适用法律若干问题的解释》等。

（四）《中华人民共和国植物新品种保护条例》

《中华人民共和国植物新品种保护条例》（以下简称《植物新品种保护条例》）是为了保护植物新品种权，鼓励培育和使用植物新品种，促进农业、林业的发展而制定的条例。中华人民共和国国务院令第 213 号公布，自 1997 年 10 月 1 日施行。2014 年 7 月 29 日根据《国务院关于修改部分行政法规的决定》进行第二次修订。

2022 年 11 月，《中华人民共和国植物新品种保护条例》在进行了 25 年以来的首次全面修订后，已经开始向社会公开征求意见。

《植物新品种保护条例》第六条规定，完成育种的单位或者个人对其授权品种，享有排他的独占权。

第七条规定，执行本单位的任务或者主要是利用本单位的物质条件所完成的职务育种，植物新品种的申请权属于该单位；非职务育种，植物新品种的申请权属于完成育种的个人。申请被批准后，品种权属于申请人。

第八条规定，一个植物新品种只能授予一项品种权。两个以上的申请人分别就同一种植物新品种申请品种权的，品种权授予最先申请的人；同时申请的，品种权授予最先完成该植物新品种育种的人。

第九条规定，植物新品种的申请权和品种权可以依法转让。

第十条规定，在下列情况下使用授权品种的，可以不经品种权人许可，不向其支付使用费，但是不得侵犯品种权人依照本条例享有的其他权利：

（1）利用授权品种进行育种及其他科研活动；

（2）农民自繁自用授权品种的繁殖材料。

第三节　学术规范

一、学术规范的概念和范畴

（一）学术活动的范畴

学术活动的范畴，包括社会科学、自然科学领域的各学科学术研究、技术开发、科技成果转化和应用、科技服务、科技管理活动等。

学术活动涉及学术研究的全过程和学术活动的各个方面，包括学术研究、学术评审、学术批评、学术管理。如科技管理机构开展的科研项目、科技成果的申报和评审活动；科学技术研究开发机构、高等学校、企业及其他组织开展的科学研究、技术研发活动；科研单位的管理服务人员为科学技术活动提供的管理与服务；咨询、评审专家为科学技术活动提供的咨询、评审、评估、评价等；第三方科学技术服务机构为科学技术活动提供的审计、咨询、绩效评估评价、经纪、知识产权代理、检验检测、出版等。

科学研究（scientific research）简称科研，是指为了增进知识包括关于自然科学、人类文化和社会的知识以及利用这些知识去发明新的技术而进行的系统的创造性的工作。科学研究分为基础研究、应用研究和开发研究。技术研发（technology development）是研发机构和研发人员根据市场现实或潜在的需求，通过一定的材料和技术路线，采用适当的方法和手段，创新开发能满足市场需求或能更好地满足市场需求的新产品、新品种、新技术和新服务的活动。科技活动是科学研究和技术研发活动的总称。

学术（academia）是对事物及其规律的学科化论证。academia常见的意义是指进行高等教育和研究科学与文化的群体，对应于中文的学术界或学府；也用来表示"知识的累积"，在这个意义上通常译为学术。

因此，学术活动与科技活动既有联系又有区别。两者的外延基本一致，区别在于学术活动强调事物的本质和规律，科技活动侧重于活动过程。

（二）学术规范的定义

"规范"是指约定俗成或明文规定的标准，是某个共同体成员应当遵循的规则和标准。孟子曰："离娄之明，公输子之巧，不以规矩，不能成方圆；师旷之聪，不以六律，不能正五音。"意思是说，即使有离娄那样的好视力，公输那样的高手艺，如果不用圆规和曲尺，也不能画好方和圆；即使有师旷那样的好听力，如果不用六律，也不能校正五音。比喻做事必须遵守规则，符合标准。规范是人类社会生活中普遍存在的现象，具有社会属性，人的行为总是与规范相联系。因此，规范可以理解为人的行为活动应该遵循的基本准则和判断其好坏的通用尺度。

学术规范是学术共同体成员开展学术活动应当遵守的基本准则。教育部社会科学委员会学风建设委员会对其的定义是：学术规范是根据学术发展规律制定的，学术共同体成员从事学术活动必须共同遵守的基本准则。学术规范是保证学术共同体科学、高效、公正运行的条件，它从学术活动中约定俗成地产生，成为相对独立的规范系统。

（三）学术行为的主体和学术规范的内容

1.学术行为的主体

学术行为的主体是学术活动的实施者，包括公民、法人和其他社会团体组织。根据科技部《科学技术活动违规行为处理暂行规定》（2020年9月1日起实施），科技活动的主体包括：①受托管理机构及其工作人员，即受科学技术行政部门委托开展相关科学技术活动管理工作的机构及其工作人员；②科学技术活动实施单位，即具体开展科学技术活动的科学技术研究开发机构、高等学校、企业及其他组织；③科学技术人员，即直接从事科学技术活动的人员和为科学技术活动提供管理、服务的人员；④科学技术活动咨询评审专家，即为科学技术活动提供咨询、评审、评估、评价等意见的专业人员；⑤第三方科学技术服务机构及其工作人员，即为科学技术活动提供审计、咨询、绩效评估评价、经纪、知识产权代理、检验检测、出版等服务的第三方机构及其工作人员。

高等学校、科研院所从事教学和科研活动的工作者，以及高新企业研发人员是学术行为最主要的组成部分。在校博士研究生和硕士研究生，是学术行为的重要主体。2020年，我国博士研究生、硕士研究生招生数量分别达到11.60万人和99.05万人，研究生已经成为我国科学技术和人文社科研究的重要力量。

因此，高等学校要十分重视学术道德和学术规范建设。研究生要自觉遵守学术规范，遵循学术道德。

2.学术规范的内容

从内容上分，学术规范包括两个方面。

（1）明确规定的法规制度、方针政策、技术标准、技术规程和活动程序。学术规范的这部分内容，具有一定的强制性。例如，GB/T 7713.2—2022规定，学术论文由以下几部分构成：前置部分、主体部分、附录部分（必要时）、结尾部分（必要时）。这是我们在学位论文和期刊论文写作时需要遵循的规范。当然，不同的期刊对论文格式的要求存在一定的差异，例如在结果部分，有的是"结果与分析+讨论"，有的是"结果与讨论"。有些英文期刊，将研究结果"results"提到正文的前面，放在"introduction"之后，然后才是"materials and methods"。而对研究生学位论文的格式要求，各高校和科研院所也存在差异，在GB/T 7713.2—2022的基础上增加了较多具体的要求，研究生应当按照学校规定的格式进行撰写。

（2）学术活动的道德要求、约定俗成的学术惯例等。这部分学术规范的维护，主要依靠学术活动主体的自觉性，以及学术共同体、社会大众和社会舆论的监督。例如，在科学研究中，科技人员应如实记录实验数据、调查结果，不得捏造数据；每个实验均应有至少3次独立试验，并设置对照组，每个处理至少3次重复，以此为基础进行统计分析。

研究生在学位论文和期刊论文写作中，不仅要严格遵循学校或期刊的有关规定，而且对引用他人的研究成果要加以标注，并在文后列出参考文献，明确区分自己的科研成果和他人已有的成果，不得抄袭他人文献或篡改盗窃他人论文；论文署名应当以贡献大小为序进行排列；等等。这些主要是依靠研究生的自觉，也依靠学校、学院、导师和同学们的监督。

二、学术失范与学术不端的界定

（一）学术失范与学术不端的概念

学术失范是指违背学术规范的各种行为，是与学术规范相对立的一个概念。学术不端是指违反学术规范、学术道德的行为。在英语中，学术失范和学术不端，均可以翻译成academic misconduct，意为学术不端行为。

教育部2016年发布的《高等学校预防与处理学术不端行为办法》中，将学术不端界定为"高等学校及其教学科研人员、管理人员和学生，在科学研究及相关活动中发生的违反公认的学术准则、违背学术诚信的行为"。同年发布的《教育部办公厅关于学习宣传和贯彻实施〈高等学校预防与处理学术不端行为办法〉的通知》指出："对于轻微的学术失范行为，要及时进行批评教育；对于构成学术不端行为的，要坚决依法依规严肃查处。"由此，我们可以理解为"学术失范"与"学术不端"是两种程度不同的学术不端行为，即"学术失范"是程度较轻的违背学术规范和学术诚信的行为，而"学术不端"是较为严重的违背学术规范和学术诚信的行为。

（二）学术失范与学术不端的关系

第一，从汉语语义分析，"失范"是指失去规范或违背规范；"不端"是指不端正、不正派。两者都具有违背规范的内涵，"失范"与"规范"相对，"不端"与"端正"相对，"不端"的语义程度较"失范"更为严重。从主体来看，"学术失范"主要针对的是研究者，包括科研人员、从事学术研究的学生，审稿专家、编辑、科研项目的管理者以及借助权力或金钱干预学术研究的其他人员并不属于"学术失范"的主体；而"学术不端"的主体则更为广泛，例如成果评审专家、审稿专家、编辑、科研项目的管理者等，都有可能涉及学术不端行为。

第二，从内涵上看，学术失范主要指对学术规范的违背，而学术不端不仅包含违背学术规范，而且包含一切不端正的学术行为。

第三，从客体上看，学术失范的客体是学术规范，而学术规范是学术主体正确进行科学研究、文学艺术创作以及其他文化活动所依据的行为准则。"学术不端"的客体既包含学术规范，也包含其他各种违背学术准则和学术诚信的行为，如不当署名、一稿多投、买卖论文、干扰审稿专家等行为。

因此，学术失范与学术不端是两个不同的概念，学术不端的内涵边界广，学术失范的内涵边界则较窄；学术不端包含了学术失范的内涵边界。

（三）用学术诚信涵养科技创新

科技创新事关国家命运，科研诚信则是科技创新的基石，也是实施创新驱动发展战略、实现世界科技强国目标的重要基础。习近平总书记强调，"要营造良好学术环境，弘扬学术道德和科研伦理"[①]。

新中国成立以来，我国广大科技人员以崇高的精神境界和高尚的道德情操勇攀科技高峰，取得了一项项举世瞩目的伟大成就。从新中国成立初期的钱学森、邓稼先、钱三强等老一辈科学家，到新时代的黄大年、南仁东、钟扬等科学家，他们学识渊博、大公无私，求真务实、严谨治学，展现着熠熠生辉的科学精神，激励广大青年科技人员奋发向上，为实现中华民族伟大复兴的中国梦而奋斗。

但是，我们也要看到，科技界确实还存在一些违背科研诚信的行为。例如，学术抄袭、论文造假、侵占他人成果、伪造学术身份、骗取科技补贴等。党的十八大以来，国家不断完善工作机制、制度规范、监督惩戒等，体现了治理学术不端的决心。广大科技人员和研究生要自觉遵守国家法律法规，遵循学术规范，坚持学术诚信，坚守学术道德底线。

2002年2月27日教育部发布的《关于加强学术道德建设的若干意见》指出，要充分认识端正学术风气，加强学术道德建设的必要性和紧迫性；端正学术风气，加强学术道德建设的基本要求；采取切实措施端正学术风气，加强学术道德建设。

2005年2月，教育部颁布《普通高等学校学生管理规定》，2016年对其进行了修订。《普通高等学校学生管理规定》指出，学生在校期间应恪守学术道德，完成规定学业。学生有下列情形之一，学校可以给予开除学籍处分：代替他人或者让他人代替自己参加考试、组织作弊、使用通讯设备或其他器材作弊、

---

① 为建设世界科技强国而奋斗——在全国科技创新大会、两院院士大会、中国科协第九次全国代表大会上的讲话[EB/OL].（2016-05-31）[2023-12-29]. https://news.cctv.com/2016/05/31/ARTImKWazHLWbIHc4Ok5BVic160531.shtml.

向他人出售考试试题或答案牟取利益，以及其他严重作弊或扰乱考试秩序行为的；学位论文、公开发表的研究成果存在抄袭、篡改、伪造等学术不端，情节严重的，或者代写论文、买卖论文的。

2009年3月19日教育部发布的《关于严肃处理高等学校学术不端行为的通知》指出，高等学校对下列学术不端行为，必须进行严肃处理：①抄袭、剽窃、侵吞他人学术成果；②篡改他人学术成果；③伪造或者篡改数据、文献，捏造事实；④伪造注释；⑤未参加创作，在他人学术成果上署名；⑥未经他人许可，不当使用他人署名；⑦其他学术不端行为。

三、学术不端行为的类型和处罚

（一）科技人员学术不端行为的类型

科技部于2020年7月17日发布《科学技术活动违规行为处理暂行规定》（2020年9月1日起施行），明确科学技术人员的违规行为包括以下情形：

（1）在科学技术活动的申报、评审、实施、验收、监督检查和评估评价等活动中提供虚假材料，实施"打招呼""走关系"等请托行为；

（2）故意夸大研究基础、学术价值或科技成果的技术价值、社会经济效益，隐瞒技术风险，造成负面影响或财政资金损失；

（3）人才计划入选者、重大科研项目负责人在聘期内或项目执行期内擅自变更工作单位，造成负面影响或财政资金损失；

（4）故意拖延或拒不履行科学技术活动管理合同约定的主要义务；

（5）随意降低目标任务和约定要求，以项目实施周期外或不相关成果充抵交差；

（6）抄袭、剽窃、侵占、篡改他人科学技术成果，编造科学技术成果，侵犯他人知识产权等；

（7）虚报、冒领、挪用、套取财政科研资金；

（8）不配合监督检查或评估评价工作，不整改、虚假整改或整改未达到要求；

（9）违反科技伦理规范；

（10）开展危害国家安全、损害社会公共利益、危害人体健康的科学技术活动；

（11）违反国家科学技术活动保密相关规定；

（12）法律、行政法规、部门规章或规范性文件规定的其他相关违规行为。

（二）科学技术活动违规行为的处罚

《科学技术活动违规行为处理暂行规定》指出，对科学技术活动违规行为，视违规主体和行为性质，可单独或合并采取以下处理措施：

（1）警告；

（2）责令限期整改；

（3）约谈；

（4）一定范围内或公开通报批评；

（5）终止、撤销有关财政性资金支持的科学技术活动；

（6）追回结余资金，追回已拨财政资金以及违规所得；

（7）撤销奖励或荣誉称号，追回奖金；

（8）取消一定期限内财政性资金支持的科学技术活动管理资格；

（9）禁止在一定期限内承担或参与财政性资金支持的科学技术活动；

（10）记入科研诚信严重失信行为数据库。

（三）学术不端行为处理案例

这里选取几个国家自然科学基金委员会公开通报的学术不端行为处理案例（隐去了被处分人员的姓名及其所在单位的名称），希望广大科技人员和学生引起重视，自觉遵守国家法律法规和学术道德规范，做一名新时代有理想、有本领、敢创新、有担当的好青年。

案例1：篡改论文署名、伪造出国经历和导师资格（国科金监决定〔2013〕2号）。国家基金委监委收到举报，反映湖北某高校郝某某凭借虚假的SCI论文做基础，2011年申报自然科学基金获得资助，2012年又进行了申报；郝某某从未出境，说成某某国访问学者，没有硕士生导师资格，说成硕士生导师。经调查，2011 年、2012 年两份申请书"研究基础与工作条件"部分所列已发表论文中，6 篇次英文论文实际署名没有郝某某，郝某某将自己列入论文作者，同时捏造了 1 篇至今尚未发表的论文。经审议决定：撤销郝某某 2011 年度面上项目，追回已拨经费；取消郝某某国家自然科学基金项目申请资格 4 年，给予通报批评。

案例 2：盗用他人论文作为项目前期研究基础（国科金监决定〔2013〕6 号）。国家基金委监委收到举报，反映北京某研究所刘某某在其申请的 2011 年度国家自然科学基金项目中，盗用他人论文作为自己的研究基础。经调查，刘某某在 2011 年度基金项目申请书中盗用他人发表的论文作为自己的研究基础，提供了虚假信息。经审议决定：撤销刘某某 2011 年度青年科学基金项目，追回已拨经费；取消刘某某国家自然科学基金项目申请资格 4 年，给予通报批评。

案例 3：购买国家自然科学基金项目申请（国科金监决定〔2013〕20 号）。经调查，湖南某高校彭某某花钱到网上"中介公司"购买申请书，申报 2012 年度国家自然科学基金项目，且与他人 2012 年度国家自然科学基金项目申请书高度相似。经审议决定：取消彭某某国家自然科学基金项目申请资格 4 年，给予通报批评。

案例 4：发表的论文存在代写代投、数据造假等问题（国科金监处〔2021〕28 号）。国家基金委监委对某某大学张某等发表的论文（标注基金号）涉嫌学术不端问题组织开展了调查。经查，论文通讯作者张某以实验外包的形式将一些病理样本和数据交给第三方公司，要求发表一篇标注其国家自然科学基金项目的 SCI 论文，该论文除由第三方代写代投外，还存在数据造假的问题。经审议决定：撤销张某国家自然科学基金项目，追回已拨资金，取消张某国家自然科学基金项目申请资格 5 年，给予通报批评。

案例 5：发表论文存在操纵同行评议、重复发表等问题（国科金监处〔2021〕16 号）。国家基金委监委对卫某某、鲁某等发表论文涉嫌学术不端问题组织开展了调查。经查，卫某某作为通讯或第一兼通讯作者发表的论文 1、2、3、4 均因存在操纵同行评议问题被杂志社撤稿，卫某某作为第一兼通讯作者发表的论文 5、6，存在重复发表问题；鲁某作为第一作者发表的论文 1、4，因操纵同行评议问题被杂志社撤稿。经审议决定：撤销卫某某 2 个国家自然科学基金项目，追回 2 个项目已拨资金，取消卫某某国家自然科学基金项目申请资格 5 年，给予卫某某通报批评；取消鲁某国家自然科学基金项目申请资格 3 年，给予鲁某通报批评。

案例 6：发表论文存在违反科研伦理规范、代写论文、署名不实、擅标他人基金项目号等问题（国科金监处〔2021〕49 号）。国家基金委监委对某某大学廖某某等被撤稿论文涉嫌学术不端问题组织开展了调查。经查，论文第一兼通讯作者廖某某未经伦理审批收集临床样本，并自费委托第三方公司代做实验、代写论文；擅自将他人署为作者，擅自标注他人基金项目号。经审议决定：取消廖某某国家自然科学基金项目申请资格 5 年，给予通报批评。

上述 6 个案例分别代表了一类违反学术道德的现象，具有一定的典型性，大家要引以为戒，自觉遵守学术道德和学术规范。

第四节　学术伦理

一、学术伦理的概念及其与学术规范的关系

（一）学术伦理的概念

伦理，即人伦道德之理，是指人与人相处的各种道德准则。

学术伦理是指学术共同体成员应当遵守的基本学术道德规范、从事学术活动必须承担的社会责任与义务以及对这些道德规范进行理论探讨后得出的理性认识。

科技伦理是学术伦理在科学研究和技术开发领域的具体化。科技伦理伴随人类科技文明发展的始终，是人类科技沿着正确方向行稳致远的导航器。

科技伦理涉及两个方面的内容：一是科技人员的职业道德行为，如科研道德、学术诚信和尊重他人知识产权。二是科技研究和发展带来的新的伦理问题，例如基因编辑和基因克隆技术的应用，可能导致人类自身及其社会生活所赖以正常运行的法律、道德、伦理甚至生命身份陷入困境；大数据和网络信息化技术的应用可能带来私人信息泄露或个人隐私权的丧失，以及数据集权控制等问题。

2022 年 3 月 20 日，中共中央办公厅、国务院办公厅印发的《关于加强科技伦理治理的意见》指出，科技伦理是开展科学研究、技术开发等科技活动需要遵循的价值理念和行为规范，是促进科技事业健康发展的重要保障。

（二）学术伦理与学术规范的关系

学术规范在 20 世纪 90 年代曾是学术界讨论的热点，一直持续到 21 世纪初。学者们重点关注的是学术论文写作规范、引证体例，以及对伪造、弄虚作假、抄袭剽窃和文风、学风等行为的认定。在此背景下，2002 年 2 月 27 日教育部发布了《关于加强学术道德建设的若干意见》；2009 年 3 月 19 日，教育部又发布了《关于严肃处理高等学校学术不端行为的通知》。各高校开始重视学术诚信建设，学术规范走上了制度化的轨道。

据报道，2017—2019 年，中国 SCI 论文被撤稿 1397 篇，其中因剽窃导致被撤稿 547 篇（39%）、错误导致被撤稿 330 篇（24%）、伪造同行评议导致被撤稿 116 篇（8%）、伪造作者署名导致被撤稿 84 篇（6%）。诸如此类抄袭剽窃他人研究成果、研究数据造假、挂靠不相关基金项目提高发表机会、伪造同行评议或作者署名等形式多样的问题都属于学术道德的范畴，应该由法律法规和学术规范加以约束。2020 年 7 月 17 日，科技部发布《科学技术活动违规行为处理暂行规定》，加大了对学术违规行为的处罚力度。

而学术伦理则不同于学术规范（或学术道德），它不是用来管束学术活动者（如高校教师和研究生）的行为规范，而是对于学术活动者的研究对象、研究方法以及研究本身所产生的外部影响进行伦理考量、伦理评估的标准和机制。

例如，2008 年 5 月 20 日至 6 月 23 日，"黄金大米"试验在湖南省衡南县江口镇中心小学实施。但是，该项目负责人美国塔夫茨大学的汤光文未按规定向我国相关机构申报。虽然，塔夫茨大学伦理审查委员会通过了对该项目中文版知情同意书的伦理审批，但该研究知情同意书中未提及试验材料是"转基因水稻"，只称为"黄金大米"，受试者家长或其监护人对试验将使用由转基因技术培育的"黄金大米"不知情。此事就属于"学术伦理"问题——受试者（监护人）不知情。

与学术伦理有关的案例很多，例如现在流行的虚拟仿真实验室，学生可以在这种实验室中开展模拟实验操作，学校也可以大幅度节省教学成本。如果临床医学专业的学生在虚拟情境中进行一些本该在真实情境下进行的实验操作训练，以减少对试验对象的依赖。这种虚拟实验就可能带来一个问题——减少了学生实际操作能力的锻炼，即降低了对学生实际操作能力的要求，那么将来他们走上临床医学岗位，很可能在实施相关手术时增加患者的风险。对此，高校应该怎么做呢？

假如主持某个科研项目的某某大学教授，同时也是资助该项目的公司的股东之一，他是否应该在发表相关研究成果时对此事加以披露？假如该项目完成后，资助方（公司）要求推迟两年时间再发表该研究成果，以保护公司的经济利益。那么，此时他应该怎么做呢？这是典型的学术伦理案件，也是大部分英文期刊要求作者提供的"利益声明"。

在签署了保密协议的情况下，如果科技人员发现资助方提供的用于临床试验的药物存在严重的副作用，这些科技人员是保持沉默或是退出项目，还是应该将其公之于众？

上面这些案例说明，科学研究中潜藏着诸多利益冲突，甚至是原则上的冲突。面向不确定的未知领域的探索，很可能会牵涉特定或者不特定的个体甚至群体，乃至整个人类的利益。因此，科学研究不应只有"科学先进性"一个判别标准，还应该从学术伦理的维度，即科学研究的道义和责任的角度，对该项研究可能产生的社会影响进行严肃认真的考量，这正是学术伦理的应有之义。

学术伦理问题，是科学研究中普遍、客观存在的。在科研项目设计、论证之初就对其加以有效判别，对可能出现的可控情况做出预案，事件一旦发生时可积极应对，在事后进行及时评估或补救。这些不仅是科技人员需要和能够做到的事情，也是高校和科研单位应该尽到的责任。

2016 年 9 月 30 日，国家卫计委发布《涉及人的生物医学研究伦理审查办法》（以下简称《办法》），自 2016 年 12 月 1 日起施行。《办法》规定，从事涉及人的生物医学研究的医疗卫生机构是涉及人的生物医学研究伦理审查工作的管理责任主体，应当设立伦理委员会，并采取有效措施保障伦理委员会独立开展伦理审查工作。医疗卫生机构未设立伦理委员会的，不得开展涉及人的生物医学研究工作。

近年来，涉及医学和生命科学研究的高校，纷纷成立伦理委员会，开展相关科研项目的审查工作。

二、生物医学研究的热点伦理问题

生命科学属于自然科学，而伦理则是人文和社会科学的范畴。生命科学研究的主体和客体都与生命有关，而生命所具有的社会属性不能被扭曲，即生命科学研究要遵守一定的伦理道德规范。

造福于人类的生命科学，在其发展过程中时常与规范人类行为的伦理道德出现"冲撞"。比如，克隆技术可以优化生命，为人类服务，但是，克隆一个完整的人类个体，就被公认为伦理道德的"雷区"。

韩国首尔大学的黄禹锡教授，因在世界上首先培育成功人类胚胎干细胞和用患者体细胞成功克隆人类胚胎干细胞，成为一位走在开启生命科学迷宫前沿的知名生命科学家。然而，他的人类胚胎干细胞研究有违伦理道德。

2018 年 11 月 26 日，人民网报道了基因编辑婴儿事件：来自中国深圳的科学家贺建奎在第二届国际人类基因组编辑峰会召开前一天宣布，一对名为露露和娜娜的基因编辑婴儿于 2018 年 11 月健康诞生，这对双胞胎的一个基因经过修改，她们能天然地抵抗艾滋病。[①]深圳市卫计委医学伦理专家委员会表示，试验未经医学伦理报备，将启动涉及伦理问题的调查；国家卫健委要求广东省卫健委依法依规处理，科技部暂停贺建奎的科研活动。法院审理查明，2016 年以来，贺建奎与张仁礼、覃金洲共谋，在明知违反国家有关规定的情况下，仍以通过编辑人类正确的 CCR5 基因可以培育免疫癌症的婴儿为名，将基因编辑技术用于辅助生殖医疗。法院对此做出了有罪判决。

下面我们来探讨几个生命科学发展带来的伦理热点问题。

（一）人类基因组研究涉及的伦理问题

人类基因组计划（human genome project，HGP）由美国于 1987 年启动，多个国家参与。中国于 1999 年 9 月参加到这项研究计划中并承担人类 3 号染色体短臂上约 3000 万个碱基对的测序任务，占基因组总量的 1%。2000 年 6 月 26 日，参加 HGP 计划的 6 国（美国、英国、法国、德国、日本和中国）科学家们共同宣布了人类基因组草图的绘制工作完成；2003 年 4 月 14 日，人类基因组序

---

① 首例免疫艾滋病婴儿诞生，中国科学家引巨大争议 [EB/OL].（2018-11-26）[2023-12-29]. https://www.sohu.com/a/277918993_116132.

列图绘制成功。

HGP计划的完成和人类遗传信息的破译，对医学、生物学乃至整个生命科学将产生无法估量的深远影响。HGP计划的意义主要体现在以下方面。①基因工程药物；②诊断和研究试剂产业、基因和抗体试剂盒、诊断和研究用生物芯片、疾病和筛药模型；③胚胎和成年期干细胞、克隆技术、器官再造；④筛选药物的靶点；⑤生物产业：转基因食品、转基因药物（如减肥药、增高药）；⑥生物进化研究的影响。但是，我们也应当看到，人类基因组和基因功能的深入研究，也会带来很多负面作用和伦理问题，对社会和传统伦理造成巨大的冲击，如基因专利战、基因资源的掠夺战、基因与个人隐私、种族选择性灭绝性生物武器等，是人类基因组研究可能带来的负面作用。

目前，新一代测序技术已经可以轻而易举地完成人类个体基因组的测序。而人类个体基因组测序可能带来伦理问题。因此，在相关科研中需要严格遵守以下3个原则。

（1）知情同意原则。被测序的个体即受试者应该被告知自己的基因组要被测序。知情同意是一项国际伦理准则，它体现了对病人、受试者的尊重。

（2）反对基因歧视原则。如果测序后发现遗传性疾病基因，是否能得到有效的保密？人类遗传信息的揭示和公开，将对携带某些"不利基因"或"缺陷基因"者的升学、就业、婚姻等社会活动产生不利影响。"基因歧视"可以是针对一个人、一个家族或一个民族。如果不同种族的人的基因组都被测序，并被用于军事或种族灭绝等犯罪性目的，那么可能给人类带来毁灭性的灾难。

（3）加强法律保护原则。针对上述问题，首先要在法律上确认基因的隐私权；其次应该在法律上禁止基因歧视行为；再次应该在法律上处罚基因滥用行为。

（二）人类胚胎和胚胎干细胞应用的伦理问题

胚胎干细胞（embryonic stem cell，ES细胞）是早期胚胎（原肠胚期之前）或原始性腺中分离出来的一类细胞，它具有体外培养无限增殖、自我更新和多向分化的特性。无论是在体外还是在体内环境，ES细胞都能被诱导分化为机体几乎所有的细胞类型。

胚胎干细胞研究在美国一直是一个颇具争议的领域，支持者认为这项研究有助于根治很多疑难杂症，是一种挽救生命的慈善行为，是科学进步的表现。而反对者则认为，进行胚胎干细胞研究就必须破坏胚胎，而胚胎是人尚未成形时在子宫的生命形式，这违反生命伦理。

2003 年 12 月 24 日，科技部和卫生部联合下发了 12 条《人胚胎干细胞研究伦理指导原则》，明确了人胚胎干细胞的来源定义、获得方式、研究行为规范等，并再次申明中国禁止进行生殖性克隆人的任何研究，禁止买卖人类配子、受精卵、胚胎或胎儿组织。其中第五条、第六条规定了人类胚胎干细胞的获得方式和研究范围。

《人胚胎干细胞研究伦理指导原则》第五条规定，用于研究的人胚胎干细胞只能通过下列方式获得：

（1）体外受精时多余的配子或囊胚；

（2）自然或自愿选择流产的胎儿细胞；

（3）体细胞核移植技术所获得的囊胚和单性分裂囊胚；

（4）自愿捐献的生殖细胞。

第六条规定，进行人胚胎干细胞研究，必须遵守以下行为规范：

（1）利用体外受精、体细胞核移植、单性复制技术或遗传修饰获得的囊胚，其体外培养期限自受精或核移植开始不得超过 14 天；

（2）不得将前款中获得的已用于研究的人囊胚植入人或任何其他动物的生殖系统。

（3）不得将人的生殖细胞与其他物种的生殖细胞结合。

（三）人体器官移植的伦理问题

人体器官移植是医学技术的一项极大创新，给许多患者带来了福音，拯救了很多人的生命。但是，这项技术也是一把双刃剑，在给器官受体患者带来福音甚至生命的同时，也给器官供体尤其是健康供体带来了很大的伤害，也带来了新的伦理问题。

1987 年 5 月 13 日，世界卫生组织发布了《人体器官移植指导原则》；2010 年 12 月，世界卫生组织发布了《人体细胞、组织和器官移植指导原则》（WHO Guiding Principles on Human Cell, Tissue and Organ Transplantation）。

2007 年，我国颁布《人体器官移植条例》。2023 年 10 月 20 日，国务院常务会议审议通过《人体器官捐献和移植条例（修订草案）》，《人体器官捐献和移植条例》自 2024 年 5 月 1 日起施行。这是自 2007 年颁布实施《人体器官移植条例》以来，首次对其进行修订并获通过。《人体器官捐献和移植条例》"总则"第六条规定：任何组织或者个人不得以任何形式买卖人体器官，不得从事与买卖人体器官有关的活动。第四条规定：县级以上人民政府卫生健康部门负责人体器官捐献和移植的监督管理工作。县级以上人民政府发展改革、公安、民政、财政、市场监督管理、医疗保障等部门在各自职责范围内负责与人体器官捐献和移植有关的工作。第五条规定：红十字会依法参与、推动人体器官捐献工作，开展人体器官捐献的宣传动员、意愿登记、捐献见证、缅怀纪念、人道关怀等工作，加强人体器官捐献组织网络、协调员队伍的建设和管理。

关于"人体器官的捐献"，《人体器官捐献和移植条例》有如下规定：

（1）人体器官捐献应当遵循自愿、无偿的原则。

（2）具有完全民事行为能力的公民有权依法自主决定捐献其人体器官。公民表示捐献其人体器官的意愿，应当采用书面形式，也可以订立遗嘱。公民对已经表示捐献其人体器官的意愿，有权予以撤销。公民生前表示不同意捐献其遗体器官的，任何组织或者个人不得捐献、获取该公民的遗体器官；公民生前未表示不同意捐献其遗体器官的，该公民死亡后，其配偶、成年子女、父母可以共同决定捐献，决定捐献应当采用书面形式。

（3）任何组织或者个人不得摘取未满 18 周岁公民的活体器官用于移植。

（4）活体器官的接受人限于活体器官捐献人的配偶、直系血亲或者三代以内旁系血亲。

关于"人体器官的获取和移植"，《人体器官捐献和移植条例》有如下规定：

（1）医疗机构从事人体器官移植，应当向国务院卫生健康部门提出申请。国务院卫生健康部门应当自受理申请之日起 5 个工作日内组织专家评审，于专家评审完成后 15 个工作日内作出决定并书面告知申请人。国务院卫生健康部门审查同意的，通知申请人所在地省、自治区、直辖市人民政府卫生健康部门办理人体器官移植诊疗科目登记，在申请人的执业许可证上注明获准从事的人体器官移植诊疗科目。具体办法由国务院卫生健康部门制定。医疗机构从事人体器官移植，应当具备下列条件：①有与从事人体器官移植相适应的管理人员、执业医师和其他医务人员。②有满足人体器官移植所需要的设备、设施和技术能力。③有符合本条例第十八条第一款规定的人体器官移植伦理委员会（人体器官移植伦理委员会由医学、法学、伦理学等方面专家组成，委员会中从事人体器官移植的医学专家不超过委员人数的四分之一。人体器官移植伦理委员会的组成和工作规则，由国务院卫生健康部门制定）。④有完善的人体器官移植质量管理和控制等制度。

（2）医疗机构及其医务人员从事人体器官获取、移植，应当遵守伦理原则和相关技术临床应用管理规范。

（3）医疗机构及其医务人员获取、移植人体器官，应当对人体器官捐献人和获取的人体器官进行医学检查，对接受人接受人体器官移植的风险进行评估，并采取措施降低风险。

（四）人类辅助生殖技术的伦理问题

1.人类辅助生殖技术

生殖技术是指替代自然生殖过程的某一步骤或全部过程的医学技术。目前，在临床上使用的生殖技术，主要用于治疗或弥补不育、不孕缺陷和问题，又称为人类辅助生殖技术，目前主要有以下几种技术。

（1）人工授精：是指收集丈夫或自愿献精者的精液，由医师注入女性生殖道，以达到受孕目的的辅助生殖技术。

（2）体外受精：是指使用人工方法，让卵子和精子在人体以外环境受精和发育的生殖方法。

（3）代孕母亲：代孕母亲使用的是自己的或捐献者的卵子和委托人或捐献者的精液，通过人工授精或体外受精技术，由代孕母亲妊娠，分娩后交给委托人抚养。

（4）无性生殖：又叫克隆技术，是指运用现代医学技术，不通过两性结合，而进行高等动物（包括人）生殖的技术。

人类辅助生殖技术，至少可以带来3个方面的益处：第一，治疗不孕不育。采用人类辅助生殖技术可以使不孕不育夫妇达到成功妊娠且生育健康后代的目的。第二，实现优生优育。部分夫妇由于染色体异常，导致反复性流产，不能生育健康的后代，通过人类辅助生殖技术，在胚胎移植前，分析胚胎遗传物质，诊断是否有异常，筛选健康胚胎移植到女方子宫内，以达到生育健康后代的目的。第三，提供"生殖保险"。

2.人类辅助生殖技术的伦理原则

同时，人类辅助生殖技术和人类精子库也带来了伦理问题。在实施人类辅助生殖技术过程中，应坚守以下伦理原则。

（1）有利于患者原则/有利于供受者原则（精子库的伦理）；

（2）知情同意原则；

（3）保护后代原则；

（4）社会公益原则；

（5）保密原则；

（6）严防商业化原则；

（7）伦理监督原则。

3.人类精子库与精子采供的伦理

人类辅助生殖技术还可能涉及人类精子库和精子的采供。卫生部2001年2月20日发布《人类精子库管理办法》，自2001年8月1日起施行。

《人类精子库管理办法》规定：人类精子库是指以治疗不育症以及预防遗传病等为目的，利用超低温冷冻技术，采集、检测、保存和提供精子的机构。人类精子库必须设置在医疗机构内。精子的采集和提供应当遵守当事人自愿和符合社会伦理原则。任何单位和个人不得以营利为目的进行精子的采集与提供活动。

为确保健康生育，防止出现医学伦理问题，《人类精子库管理办法》规定：

（1）供精者应当是年龄在22～45周岁之间的健康男性。

（2）人类精子库工作人员应当向供精者说明精子的用途、保存方式以及可能带来的社会伦理等问题。人类精子库应当和供精者签署知情同意书。

（3）精子库采集精子后，应当进行检验和筛查，精子冷冻6个月后，经过复检合格，方可向经卫生行政部门批准开展人类辅助生殖技术的医疗机构提供，并向医疗机构提交检验结果。未经检验或检验不合格的，不得向医疗机构提供。严禁精子库向医疗机构提供新鲜精子。严禁精子库向未经批准开展人类辅助生殖技术的医疗机构提供精子。

（4）一个供精者的精子最多只能提供给 5 名妇女受孕。

（5）人类精子库应当建立供精者档案，对供精者的详细资料和精子使用情况进行计算机管理并永久保存。人类精子库应当为供精者和受精者保密，未经供精者和受精者同意不得泄露有关信息。

（五）动物实验中的伦理问题

动物实验是生命科学研究中必须采用的研究手段，对于生物医学、生物技术的发展起着非常重要的作用。随着社会的发展，实验动物的福利及动物实验的伦理问题越来越引起人们的关注。从事动物实验必须遵守基本的动物实验伦理。相关单位必须成立动物伦理委员会并进行实验动物福利和动物伦理的审核。

（1）从事实验动物工作的人员应爱护实验动物，不得戏弄或虐待实验动物，避免对实验动物造成伤害和痛苦。

（2）实验动物的饲养条件、饲养密度、卫生状况、饲料、饮水和运输条件等应尽可能以最佳的条件善待动物。

（3）除非麻醉药会干扰实验结果，同时又无其他减轻痛苦的方法，实验时都必须采用麻醉药等方法减轻动物的痛苦。

（4）动物实验结束时，采用安乐死方法处理必须处死的实验动物。

（5）尽可能使用最少量的动物获取同样多的试验数据或使用一定数量的动物获得更多的实验数据。

三、生物医学研究的伦理要求

2016 年 9 月 30 日，国家卫计委发布《涉及人的生物医学研究伦理审查办法》，自 2016 年 12 月 1 日起施行。

《涉及人的生物医学研究伦理审查办法》明确了涉及人的生物医学研究活动的范围，包括以下方面。

（1）采用现代物理学、化学、生物学、中医药学和心理学等方法对人的生理、心理行为、病理现象、疾病病因和发病机制，以及疾病的预防、诊断、治疗和康复进行研究的活动。

（2）医学新技术或者医疗新产品在人体上进行试验研究的活动。

（3）采用流行病学、社会学、心理学等方法收集、记录、使用、报告或者储存有关人的样本、医疗记录、行为等科学研究资料的活动。

在涉及人的生物医学研究活动中，如何遵守伦理规范呢？《涉及人的生物医学研究伦理审查办法》规定如下。

第四条，伦理审查应当遵守国家法律法规规定，在研究中尊重受试者的自主意愿，同时遵守有益、不伤害以及公正的原则。

第六条，国家医学伦理专家委员会、国家中医药伦理专家委员会（以下称国家医学伦理专家委员会）负责对涉及人的生物医学研究中的重大伦理问题进行研究，提供政策咨询意见，指导省级医学伦理专家委员会的伦理审查相关工作。

省级医学伦理专家委员会协助推动本行政区域涉及人的生物医学研究伦理审查工作的制度化、规范化，指导、检查、评估本行政区域从事涉及人的生物医学研究的医疗卫生机构伦理委员会的工作，开展相关培训、咨询等工作。

第七条，从事涉及人的生物医学研究的医疗卫生机构是涉及人的生物医学研究伦理审查工作的管理责任主体，应当设立伦理委员会，并采取有效措施保障伦理委员会独立开展伦理审查工作。

医疗卫生机构未设立伦理委员会的，不得开展涉及人的生物医学研究工作。

第十八条，涉及人的生物医学研究应当符合以下伦理原则：

（1）知情同意原则。尊重和保障受试者是否参加研究的自主决定权，严格履行知情同意程序，防止使用欺骗、利诱、胁迫等手段使受试者同意参加研究，允许受试者在任何阶段无条件退出研究。

（2）控制风险原则。首先将受试者人身安全、健康权益放在优先地位，其次才是科学和社会利益，研究风险与受益比例应当合理，力求使受试者尽可能避免伤害。

（3）免费和补偿原则。应当公平、合理地选择受试者，对受试者参加研究不得收取任何费用，对于受试者在受试过程中支出的合理费用还应当给予适当补偿。

（4）保护隐私原则。切实保护受试者的隐私，如实将受试者个人信息的储存、使用及保密措施情况告知受试者，未经授权不得将受试者个人信息向第三方透露。

（5）依法赔偿原则。受试者参加研究受到损害时，应当得到及时、免费治疗，并依据法律法规及双方约定得到赔偿。

（6）特殊保护原则。对儿童、孕妇、智力低下者、精神障碍患者等特殊人群的受试者，应当予以特别保护。

第二十二条，伦理委员会批准研究项目的基本标准是：

（1）坚持生命伦理的社会价值；

（2）研究方案科学；

（3）公平选择受试者；

（4）合理的风险与受益比例；

（5）知情同意书规范；

（6）尊重受试者权利；

（7）遵守科研诚信规范。

第三十三条，项目研究者开展研究，应当获得受试者自愿签署的知情同意书；受试者不能以书面方式表示同意时，项目研究者应当获得其口头知情同意，并提交过程记录和证明材料。

第三十四条，对无行为能力、限制行为能力的受试者，项目研究者应当获得其监护人或者法定代理人的书面知情同意。

第三十五条，知情同意书应当含有必要、完整的信息，并以受试者能够理解的语言文字表达。

第三十六条，知情同意书应当包括以下内容：

（1）研究目的、基本研究内容、流程、方法及研究时限；

（2）研究者基本信息及研究机构资质；

（3）研究结果可能给受试者、相关人员和社会带来的益处，以及给受试者可能带来的不适和风险；

（4）对受试者的保护措施；

（5）研究数据和受试者个人资料的保密范围和措施；

（6）受试者的权利，包括自愿参加和随时退出、知情、同意或不同意、保密、补偿、受损害时获得免费治疗和赔偿、新信息的获取、新版本知情同意书的再次签署、获得知情同意书等；

（7）受试者在参与研究前、研究后和研究过程中的注意事项。

第四十条，国家卫生计生委负责组织全国涉及人的生物医学研究伦理审查工作的检查、督导；国家中医药管理局负责组织全国中医药研究伦理审查工作的检查、督导。

县级以上地方卫生计生行政部门应当加强对本行政区域涉及人的生物医学研究伦理审查工作的日常监督管理。主要监督检查以下内容：

（1）医疗卫生机构是否按照要求设立伦理委员会，并进行备案；

（2）伦理委员会是否建立伦理审查制度；

（3）伦理审查内容和程序是否符合要求；

（4）审查的研究项目是否如实在我国医学研究登记备案信息系统进行登记；

（5）伦理审查结果执行情况；

（6）伦理审查文档管理情况；

（7）伦理委员会委员的伦理培训、学习情况；

（8）对国家和省级医学伦理专家委员会提出的改进意见或者建议是否落实；

（9）其他需要监督检查的相关内容。

第四十一条，国家医学伦理专家委员会应当对省级医学伦理专家委员会的工作进行指导、检查和评估。

省级医学伦理专家委员会应当对本行政区域内医疗卫生机构的伦理委员会进行检查和评估，重点对伦理委员会的组成、规章制度及审查程序的规范性、审查过程的独立性、审查结果的可靠性、项目管理的有效性等内容进行评估，并对发现的问题提出改进意见或者建议。

第四十五条，医疗卫生机构未按照规定设立伦理委员会擅自开展涉及人的生物医学研究的，由县级以上地方卫生计生行政部门责令限期整改；逾期不改的，由县级以上地方卫生计生行政部门予以警告，并可处以3万元以下罚款；对机构主要负责人和其他责任人员，依法给予处分。

四、加强科技伦理治理

在本节开头部分，我们说科技伦理是学术伦理在科学研究和技术开发领域的具体化，它涉及两个方面的内容：一是科技人员的职业道德行为；二是科技研究和发展带来的新的伦理问题。科技伦理问题是全世界共同面临的问题，它不是孤立存在，而是与法律、社会等联系在一起的，需要各国政府、科技界、伦理学家、社会团体、利益相关者和公众等共同努力才能解决。

中国人民大学赵延东教授曾在 2014 年和 2020 年就全国科技工作者对科技伦理的认知、态度和行为情况及其变化趋势等方面开展大样本问卷调查。调查发现，我国科技界各种违反伦理原则的现象在普遍减少，但是科研人员对科技伦理的认知还不是特别清晰。随着我国前沿科技的迅猛发展，很多领域进入了"无人区"，也在不断突破传统社会形成的伦理规范。

为进一步完善科技伦理体系，提升科技伦理治理能力，有效防控科技伦理风险，不断推动科技向善、造福人类，实现高水平科技自立自强，需加强科技伦理治理。2022 年 3 月 21 日，中共中央办公厅、国务院办公厅印发了《关于加强科技伦理治理的意见》。

（一）科技伦理治理的指导思想

以习近平新时代中国特色社会主义思想为指导，深入贯彻党的十九大和十九届历次全会精神，坚持和加强党中央对科技工作的集中统一领导，加快构建中国特色科技伦理体系，健全多方参与、协同共治的科技伦理治理体制机制，坚持促进创新与防范风险相统一、制度规范与自我约束相结合，强化底线思维和风险意识，建立完善符合我国国情、与国际接轨的科技伦理制度，塑造科技向善的文化理念和保障机制，努力实现科技创新高质量发展与高水平安全良性互动，促进我国科技事业健康发展，为增进人类福祉、推动构建人类命运共同体提供有力科技支撑。

（二）科技伦理治理的要求

伦理先行。加强源头治理，注重预防，将科技伦理要求贯穿科学研究、技术开发等科技活动全过程，促进科技活动与科技伦理协调发展、良性互动，实现负责任的创新。

依法依规。坚持依法依规开展科技伦理治理工作，加快推进科技伦理治理法律制度建设。

敏捷治理。加强科技伦理风险预警与跟踪研判，及时动态调整治理方式和伦理规范，快速、灵活应对科技创新带来的伦理挑战。

立足国情。立足我国科技发展的历史阶段及社会文化特点，遵循科技创新规律，建立健全符合我国国情的科技伦理体系。

开放合作。坚持开放发展理念，加强对外交流，建立多方协同合作机制，凝聚共识，形成合力。积极推进全球科技伦理治理，贡献中国智慧和中国方案。

（三）科技伦理的原则

1.增进人类福祉

科技活动应坚持以人民为中心的发展思想，有利于促进经济发展、社会进步、民生改善和生态环境保护，不断增强人民获得感、幸福感、安全感，促进人类社会和平发展和可持续发展。

2.尊重生命权利

科技活动应最大限度避免对人的生命安全、身体健康、精神和心理健康造成伤害或潜在威胁，尊重人格尊严和个人隐私，保障科技活动参与者的知情权和选择权。使用实验动物应符合"减少、替代、优化"等要求。

3.坚持公平公正

科技活动应尊重宗教信仰、文化传统等方面的差异，公平、公正、包容地对待不同社会群体，防止歧视和偏见。

4.合理控制风险

科技活动应客观评估和审慎对待不确定性和技术应用的风险，力求规避、防范可能引发的风险，防止科技成果误用、滥用，避免危及社会安全、公共安全、生物安全和生态安全。

5.保持公开透明

科技活动应鼓励利益相关方和社会公众合理参与，建立涉及重大、敏感伦理问题的科技活动披露机制。公布科技活动相关信息时应提高透明度，做到客观真实。

参考文献

[1] 陈竺. 全国人大常委会副委员长陈竺在中国专利法颁布 30 周年座谈会上的讲话 [J]. 知识产权，2014（3）：1-4.

[2] 戴，盖斯特尔. 科技论文写作与发表教程：第 7 版 [M]. 顾良军，林东涛，张健，主译. 北京：中国协和医科大学出版社，2013.

[3] 杜生权. 学术不端及相关概念辨析 [J]. 出版与印刷，2022（5）：82-92.

[4] 2021 年《全国专利代理行业发展状况》公布 [EB/OL].（2022-07-12）[2023-12-29].http://news.sohu.com/a/566658625_121161991.

[5] 高等学校预防与处理学术不端行为办法 [EB/OL].（2016-06-16）[2023-12-29]. http://www.moe.gov.cn/jyb_xxgk/xxgk/zhengce/guizhang/202112/t20211206_585094.html?eqid=bd1157340005044500000002645c5d09.

[6] 高瑞，李春林，童晓玲，等. 分子连锁分析探讨家蚕高抗BmNPV品系的抗性遗传基础 [J]. 中国农业科学，2017，50（1）：195-204.

[7] 龚向和，魏文松. 学术规范的功能定位、合理限度及其法律制度体系建构 [J]. 中国高教研究，2019（11）：69-76.

[8] 顾开信. 专利制度是解放和发展科技生产力的一种有效实现形式——纪念中国专利法实施十周年 [J]. 知识产权，1995（3）：3-4.

[9] 郭牧龙. 用学术诚信涵养科技创新 [N]. 人民日报，2019-12-10（5）.

[10] 国家市场监督管理总局，国家标准化管理委员会. 学术论文编写规则：GB/T 7713.2—2022[S]. 北京：中国标准出版社，2022.

[11] 国家自然科学基金委员会. 2023 年度国家自然科学基金项目指南 [EB/OL].（2023-01-05）[2023-12-29]. https://www.nsfc.gov.cn/publish/portal0/tab1398/.

[12] 国家自然科学基金委员会. 资助格局[EB/OL]. [2023-12-29]. https://www.nsfc.gov.cn/publish/portal0/jgsz/08/.

[13] 韩扬眉. 无治理则无伦理，中国科技伦理治理该如何做？ [N]. 中国科学报，2021-09-28（4）.

[14] 韩震. 学术诚信是学术发展和社会进步的基石 [EB/OL].（2019-04-10）[2023-12-29]. http://theory.people.com.cn/n1/2019/0410/c40531-31021513.html.

[15] 华红艳，齐桂森，李玉强. 科研选题的步骤和原则 [J]. 郑州航空工业管理学院学报（社会科学版），2003，22（4）: 59-60.

[16] 黄静怡，沈广胜，朱娟，等. 家蚕bmo-miR-3385-3p抑制丝素轻链基因BmFib-L的表达 [J]. 蚕业科学，2020，46（6）: 706-715.

[17] 江苏科技大学. 江苏科技大学博士、硕士学位授予工作实施细则 [Z]. 镇江: 江苏科技大学，2008.

[18] 蒋涛，唐顺明，沈兴家. 家蚕滞育生理及其分子调控机制研究进展 [J]. 蚕业科学，2017，43（6）: 1031-1038.

[19] 教育部办公厅关于提名 2022 年度高等学校科学研究优秀成果奖（科学技术）的通知 [EB/OL].（2022-03-23）[2023-12-29]. http://www.moe.gov.cn/srcsite/A16/s7062/202204/t20220406_614091.html.

[20] 教育部办公厅关于学习宣传和贯彻实施《高等学校预防与处理学术不端行为办法》的通知 [EB/OL].（2016-07-26）[2023-12-29]. http://www.moe.gov.cn/srcsite/A02/s5913/s5933/201608/t20160816_275058.html.

[21] 卡吉尔，奥康纳. 如何写出高水平英文科技论文: 策略与步骤 [M]. 杨丽庭，马立军，王维娜，译. 北京: 化学工业出版社，2014.

[22] KANG Y K, LEE B Y, BUCCI L R, et al. Effect of a fibroin enzymatic hydrolysate on memory improvement: a placebo-controlled, double-blind study[J]. Nutrients, 2018, 10(2): 233.

[23] 李继健，倪祥庭. 科研选题方法探讨 [J]. 苏州医学院学报，1998，18（3）: 288-289.

[24] 刘媛，王浩，王志鹏，等. 鳞翅目昆虫内共生菌研究进展 [J]. 昆虫学报，2021, 64（12）: 1465-1477.

[25] 社会科技奖励目录[EB/OL].（2020-03-21）[2023-12-29]. http://www.yskj.cn/pub/grzxsy/fw/kjjl/202003/20200321/j_2020032119073400015847890189041427.html.

[26] 万俊人. 理性认识科技伦理学的三个维度[EB/OL].（2022-02-14）[2023-12-29]. http://theory.people.com.cn/n1/2022/0214/c40531-32351385.html.

[27] 王斯亮，罗序梅，张传溪. 褐飞虱神经肽及其受体基因的功能筛查[J]. 浙江大学学报（农业与生命科学版），2022，48（6）：766-775.

[28] 吴能表. 生命科学与伦理[M]. 北京：科学出版社，2015.

[29] 杨斌，姜朋. 大学的学术伦理之维[J]. 学位与研究生教育，2018（5）：40-45.

[30] 岳云强. 学术诚信、学术不端与学术规范——关于高校学术道德建设若干问题的思考[J]. 北京化工大学学报（社会科学版），2014，86（2）：72-77.

[31] 赵鸣，丁燕. 科技论文写作[M]. 北京：科学出版社，2015.

[32] 中办国办印发《关于加强科技伦理治理的意见》[EB/OL].（2022-3-21）[2023-12-29]. http://www.news.cn/mrdx/2022-03/21/c_1310523027.htm.

[33] 中国科学技术信息研究所. 2020年中国科技论文统计报告（2）[R/OL].（2021-12-27）[2023-12-29]. https://www.istic.ac.cn/upload/1/editor/1640570608990.pdf.

[34] 中华人民共和国教育部. 教育发展统计公报（2009—2020年）[EB/OL].[2023-12-29]. http://www.moe.gov.cn/jyb_sjzl/sjzl_fztjgb/.

[35] 中华人民共和国国家质量监督检验检疫总局，中国国家标准化管理委员会. 信息与文献　参考文献著录规则：GB/T 7714—2015[S]. 北京：中国标准出版社，2015.

[36] ZHONG X W, WANG X H, TAN X, et al. Identification and molecular characterization of a chitin deacetylase from *Bombyx mori* peritrophic membrane. Int J Mol Sci., 2014, 15(2): 1946-1961.

[37] 朱娟，谢雨辰，陈艳荣，等. 家蚕滞育关联山梨醇脱氢酶基因的启动子活性分析[J]. 昆虫学报，2018，61（4）：391-397.

[38] 专利审批程序[EB/OL].（2020-06-05）[2023-12-29]. http://www.cnipa.gov.cn/col/col1517/index.html.